白钨矿浮选过程中
脉石矿物的流变学特性

卜显忠　薛季玮　著

北　京
冶金工业出版社
2024

内 容 提 要

本书通过研究白钨矿浮选体系矿物组分、化学药剂、外加力场等因素作用下矿浆变形与流动的规律，分析矿浆流体中矿物颗粒含量与表面性质差异引起的矿浆整体黏度、屈服应力等流变特性的变化规律，明确矿浆中矿物颗粒之间的相互作用与聚集分散行为，并针对湖南某低品位白钨矿进行了实际矿石矿浆流变性及浮选试验验证，实现了白钨矿与脉石矿物的高效分选。

本书可供从事白钨矿选矿的科研人员和工程技术人员等阅读，也可作为高等院校矿物加工工程等专业师生的参考书，尤其适用于矿物加工工程专业的研究生。

图书在版编目（CIP）数据

白钨矿浮选过程中脉石矿物的流变学特性／卜显忠，薛季玮著 . —北京：冶金工业出版社，2024.6

ISBN 978-7-5024-9857-3

Ⅰ. ①白…　Ⅱ. ①卜…　②薛…　Ⅲ. ①白钨矿—浮选流程　Ⅳ. ①TD954

中国国家版本馆 CIP 数据核字（2024）第 087881 号

白钨矿浮选过程中脉石矿物的流变学特性

出版发行	冶金工业出版社	**电　话**	（010）64027926
地　　址	北京市东城区嵩祝院北巷 39 号	**邮　编**	100009
网　　址	www.mip1953.com	**电子信箱**	service@ mip1953.com

责任编辑　王梦梦　美术编辑　吕欣童　版式设计　郑小利
责任校对　葛新霞　责任印制　禹　蕊
北京建宏印刷有限公司印刷
2024 年 6 月第 1 版，2024 年 6 月第 1 次印刷
710mm×1000mm　1/16；6.5 印张；111 千字；95 页
定价 49.00 元

投稿电话　（010）64027932　投稿信箱　tougao@cnmip.com.cn
营销中心电话　（010）64044283
冶金工业出版社天猫旗舰店　yjgycbs.tmall.com
（本书如有印装质量问题，本社营销中心负责退换）

前　　言

　　浮选是白钨矿资源回收利用的主要技术手段，合理的浮选工艺和高效的浮选药剂制度一直是白钨矿浮选的研究热点。但是，目前人们大都未从流变学角度去研究不同体系矿浆流变性对白钨矿浮选行为的影响。矿浆流变学是研究矿物加工过程中矿浆流体在外加剪切应力作用下流动与变形性质的学科。通过研究矿浆在矿物组分、粒度组成、化学药剂、外加力场等因素作用下变形与流动的规律，分析矿浆流体中由于矿物颗粒粒度与表面性质差异引起的矿浆整体黏度、屈服应力、黏弹性等流变特性的变化规律，揭示矿浆中矿物颗粒之间的相互作用与聚集分散行为，可为磨矿、搅拌、浮选、过滤等矿物加工过程的研究提供参考依据。

　　本书以白钨矿及其常见伴生矿物白云母、电气石、磷灰石和石英为研究对象，通过分析矿浆中脉石矿物的种类、含量等因素与矿浆流变性的关系，以及对白钨矿浮选的影响，初步探明各种矿浆体系的结构特点，建立矿浆流变性与浮选行为之间的关联；在此基础上，采用物理方法和化学方法调节矿浆流变性，研究矿浆结构的改变对白钨矿与脉石矿物浮选分离的影响，为实现白钨矿与脉石矿物的高效分选提供理论依据；最后，针对湖南某低品位白钨矿进行了实际矿石矿浆流变性及浮选试验验证，实现了白钨矿与脉石矿物的高效分选。本书内容丰富了白钨矿浮选理论体系，对指导白钨矿资源高效回收利用具有重要的理论和实际意义。

　　本书可供从事白钨矿选矿的科研人员和工程技术人员等阅读，也可作为高等院校矿物加工工程等专业师生的参考书，尤其适用于矿物加工工程专业的研究生。

　　本书第 2~4 章由西安建筑科技大学卜显忠撰写，第 1 章和第 5 章由西安建筑科技大学薛季玮撰写，卜显忠对全书进行了统稿。本书涉及的研究内容得到了国家自然科学基金项目（52074206、52374278）的资助，在此表示感谢。研究生屈垚犇、李广帅、李奕霖为本书所涉及实验的开展做出了重要贡献，在此表示感谢。本书撰写过程中，参考引用了矿物加工领域部分专家学者的著作和学术论文等文献资料，在此向这些文献资料的作者表示由衷的感谢。

　　由于作者水平所限，书中不当之处，敬请读者批评指正。

作　者
2024 年 3 月

目　　录

1 绪 论

钨作为一种稀有的战略性金属，在冶金、机械、石油化工、航空航天和国防等多个领域有着广泛的应用。在自然界中，已经发现了 20 余种钨矿物，其中最具工业价值的主要有白钨矿和黑钨矿。我国钨资源储量丰富，约占世界钨资源总储量的 41%，其中约 71% 是白钨矿[1]。然而，国内的白钨矿大多属于难选的矽卡岩型，其嵌布粒度较细，品位也较低，往往与铜、钼、铋等有色金属伴生或共生，且脉石矿物成分复杂。根据脉石矿物的类型，白钨矿主要可分为白钨矿-石英型（或硅酸盐矿物）、白钨矿-方解石、萤石型及白钨矿-方解石、萤石、重晶石型。浮选是目前回收白钨矿的主要方式之一。

流变学是一门研究物质变形和流动的学科，它探究材料在外力作用下产生的应力、应变和变形等物理现象。在选矿工程中，矿物颗粒在矿浆输送、磨矿和矿物分离（如脱水和浮选）中的流变行为是非常重要的。由于矿石的品位不断降低，需要对低品位和复杂的矿石进行加工，其中包括对黏土矿石和纤维矿石等进行细/超细研磨，以释放有价值的矿物。然而，细/超细研磨也带来了后续分离过程的困难和复杂性，这使得浮选流变学变得尤为重要。

浮选流变学主要研究浮选过程中的矿浆流变行为，包括浮选药剂与矿物表面相互作用的机理、矿物颗粒的聚集与沉降行为、气泡与矿物颗粒的相互作用、浮选泡沫的稳定性等。浮选流变学的研究可以帮助优化浮选工艺参数，提高选矿的效率和经济效益。浮选流变学研究中涉及的主要参数包括矿浆浓度、药剂、矿物种类、矿物粒度等。这些参数对浮选过程中的气泡生成、矿物颗粒聚集和沉降等都有显著影响。因此，对这些参数的测量和控制也是浮选流变学研究的重要内容之一。

1.1 我国钨资源概况

我国为全球钨储量最大的国家，且钨资源分布广泛，储量较为集中，共伴生组分多。按自然资源部 2022 年 7 月统计的结果，钨矿分布于 21 个省份，已探明资源储量达到 295.16 万吨（见表 1-1），主要集中在江西、湖南、河南和广西等地，江西和湖南两个省份探明钨储量达到我国钨储量的 76.65%。

表 1-1 我国各省探明资源量及其占比

地 区	探明金属量（以 WO_3 计）/万吨	占比/%
江西	169.8	57.53
湖南	56.44	19.12
河南	20.29	3.58
广西	10.56	3.58
福建	8.93	3.03
广东	3.28	1.11
云南	7.61	2.58
其他	18.25	6.18
全国	295.16	100.00

我国钨矿资源比较丰富，具有以下几个特征。

（1）资源丰富，矿床类型较全，成矿作用多样。一直以来，我国钨储量均位居世界钨储量第一位。由于成矿物质、条件及作用的多样性等，除火山热泉沉淀型、盐湖卤水和淤泥型钨矿床外，几乎世界上所有已知的钨矿床成因类型在我国均有发现。我国钨矿床分类相对集中，主要位于赣北、南岭、皖南、滇东南等地。矿床类型也很多样，有矽卡岩型、石英脉型、角砾岩筒型、冲积砂矿型、层控型等类型，而破碎带型钨矿床则是近几年来勘查发现的新类型。

（2）黑钨矿储量逐渐减少，白钨矿储量大，开发利用白钨矿极为重要。目前，在自然界中已发现 20 余种钨矿物，其中最具工业价值的主要有白钨矿和黑钨矿，这二者可共生，也可单独产出，形成黑钨矿床、白钨矿床和黑白钨共生混合矿床三种可工业开采的钨矿床。我国基础储量中，白钨矿和黑钨矿分别占 70.4% 和 29%。储量 10 万吨以上钨矿床中，80% 是白钨矿床或黑白钨矿床，探明资源量（以 WO_3 计）大于 20 万吨以上钨矿床全为白钨矿床或黑白钨混合矿床。目前，随着黑钨矿资源的日益枯竭，逐渐形成了储量以白钨矿为主的局面，因此开采利用白钨矿极为重要。

（3）富矿少，贫矿多，品位低，选矿难度大。在钨矿工业储量中，白钨矿资源占比最大，但品位大于 0.5 % 的仅占 2 % 左右，因此我国白钨矿质量处于劣势地位。目前我国白钨矿床或黑白钨混合矿床均具有组分复杂、共伴生元素多、有用矿物嵌布粒度细等特点，导致白钨矿的选矿难度增加。但是随着技术的进步，部分白钨矿得到了利用。

（4）共（伴）生的钨矿床多、组分多，混合矿开采困难，但综合利用价值大。在我国钨矿区单一矿区较少，大部分为共（伴）生矿床。钨矿共（伴）生组分种类繁多，伴生组分经选冶可成为有用组分。从矿石类型上看，黑钨矿则与有色金属、贵金属、稀有和稀散金属共（伴）生；而白钨矿常与重有色金属和贵金属共（伴）生。在开采过程中回收这些有用组分，有益于矿产资源的合理开发。

1.2 白钨矿的浮选工艺现状

一般根据白钨矿类型确定白钨浮选工艺，白钨矿类型主要分为两大类，即白钨-硅酸盐型和白钨-含钙脉石型（萤石、方解石）。根据两类白钨矿石性质，在生产应用中白钨矿的浮选工艺主要包括浓浆加温法（彼得洛夫法）和常温法两种浮选工艺，以及针对微细粒白钨矿开发的新工艺。白钨矿的常用捕收剂主要包括脂肪酸类、磺酸类、膦酸类和羟肟酸。

1.2.1 加温浮选

加温浮选法是传统的白钨矿选矿工艺之一，适用于处理粒度较大、品位较高的白钨矿石。其基本原理是在加热的条件下，利用矿物间表面吸附的捕收剂膜解析速度的不同，实现脉石矿物的选择性抑制，使它们在一定温度范围内的浮选性能产生差异加以分离，从而实现白钨矿的高效回收[2]。加温浮选法的主要优点是适用范围广，可以处理复杂的白钨矿石，而且选别效果稳定。同时，该方法可以使得选别指标提高，从而得到更高品位的精矿。但是该方法也存在一些缺点，例如综合能耗较高，与现在节能降耗及碳达峰、碳中和发展理念相悖；工艺复杂；生产成本较高；加温环境较差；选厂白钨浮选回收率一般为 65% 左右，回收率较低。但是，由于需要进行高温强烈搅拌，操作条件较为苛刻，同时也容易对环境造成污染。因此，在实际应用中需要综合考虑多种因素，选择合适的浮选工艺。

徐晓萍等人[3]针对江西某大型白钨矿选厂现有流程的不足，采用组合调整剂及加温后矿浆直接浮选，成功回收有价金属钨，钨精矿产率为 1.03%，钨品位为 65.37%，钨回收率为 86.31%。

过建光等人[4]针对柿竹园某选矿厂钨粗精矿加温后脱药次数多、金属损失严重且白钨回收率较低的问题，在加温中使用组合药剂，有效地取消了脱药和脱硫工序，使精矿品位稳定在 68% 以上，回收率由 52% 提高到 58%，取得了良好的效果。

在湖南某低品位钨矿现场工艺流程及药剂制度条件下，白钨精矿 WO_3 品位为 50% 左右，回收率为 64% 左右，回收率较低。分析可知白钨精选作业回收率较低，仅为 81.13%。通过矿物组成及解离度分析，加温精选尾矿中损失的白钨矿基本以中细粒级的单体形式存在，影响白钨精矿回收率低的主要问题是加温给矿白钨入选品位低，而给矿中萤石、方解石含量高且可浮性好，萤石含量（质量分数）占 40% 以上，方解石含量（质量分数）占 30% 以上，导致加温精选过程中在大量水玻璃的作用下，白钨矿与捕收剂作用较弱，部分白钨矿脱落损失在尾矿中，致使加温精选作业回收率较低。

1.2.2 常温浮选

常温浮选法适用于处理低品位、细粒度、黏性高的白钨矿石。常温浮选法主要关注粗选过程中的协同效应，通过调整剂之间的协同作用来实现对萤石、方解石和硅酸盐类脉石的选择性抑制，并配以选择性较强的白钨矿捕收剂达到较高的粗选富集比。常温浮选法具有代表性的工艺有两种[5]：碱性介质（氢氧化钠、碳酸钠）-金属盐-水玻璃-混合捕收剂浮选工艺；碱性介质（氢氧化钠、碳酸钠）-水玻璃-烤胶、单宁等大分子有机抑制剂-混合捕收剂浮选工艺。此外，常温浮选法还可以结合氧化焙烧、碱浸等预处理工艺来提高钨矿的品位和回收率。常温浮选法相对于加温浮选法，具有操作简单、生产成本低、安全隐患少、工人劳动强度低、污染小等优点，但其适应性相对较差，主要难点在于白钨矿与伴生矿物的浮选差异不大，且矿浆黏度较高，容易造成泡沫稳定性差和泡沫太细等问题，影响白钨矿的回收率和品位。

某复杂含泥白钨矿硫含量高、矿物组成复杂,脉石矿物以石英、黄铁矿、磁黄铁矿、萤石、方解石等为主,导致白钨矿回收难度较大。研究发现采用一次粗选、二次扫选和五次精选的常温浮选工艺,可获得 WO_3 品位为 17.01%、回收率为 66% 的钨精矿。

陈金明[6] 针对云南某矽卡岩型白钨矿在常温浮选中捕收剂 731 用量偏大、生产指标偏低的问题,通过碳酸钠、水玻璃组合调整剂强化粗选对脉石矿物抑制的选择性,在不预先脱泥情况下,精矿回收率由 46.5% 提高到 76.53%,品位由 38.1% 提高到 68.61%,取得了较好效果。

高湛伟等人[7] 针对栾川地区加温浮选白钨矿时,选矿成本高、工艺复杂、工人劳动强度大的问题,采用常温浮选法进行白钨矿综合回收试验研究,在原矿品位约 0.062% 的情况下,通过小型闭路试验得到品位 22.56%、回收率 83.02% 的钨精矿。

1.2.3 浮选新工艺

矿物浮选效率与矿物的粒度密切相关,对于微细颗粒矿物,质量小、与气泡碰撞黏附概率低会导致矿物浮选速率较低;另外,微细颗粒矿物比表面积大、表面能大会导致药剂用量大、捕收剂选择性差、浮选泡沫过于稳定等一系列问题。白钨矿是一种脆性矿物,在破碎磨矿过程中容易产生微细粒。由于微细粒白钨矿比表面积较大,具有较大的表面能,因此在浮选过程中容易出现非选择性絮凝或与钙质脉石矿物夹杂的现象,导致白钨矿在常规浮选流程中的回收率低。为了解决微细粒白钨矿浮选回收率低的问题,目前的研究重点是探索微细粒浮选的新工艺,如空化浮选、剪切絮凝浮选和载体浮选等[8]。

1.2.3.1 空化浮选

空化浮选是一种应用较广泛的微细粒白钨矿浮选新工艺。其原理是在常温常压的条件下,在浮选过程中将空气或氮气注入浮选槽底部,形成一层气泡床,气泡床中的气泡在搅拌下形成气泡流,并与矿浆中的微细粒白钨矿接触和附着,使其升浮。在浮选流程中加入空化技术可以使微泡在矿物表面析出,通过桥联作用增大气泡与矿物颗粒的碰撞黏附[9]。与传统浮选方法相比,空化浮选不需要添加大量捕收剂和抑制剂,矿浆中的微细粒白钨矿直接被气泡捕集升浮,避免了絮凝问题和与脉石夹杂的问题,因此可以获得较高的回收率和品位[10]。

1.2.3.2 剪切絮凝浮选

剪切絮凝浮选是 20 世纪 70 年代后期出现的一种回收微细粒矿物的工艺，是一种将悬浮在水溶液中的微小颗粒通过外加足够大的剪切场聚集在一起的过程。在浮选过程中，通过施加剪切力，可以使微小颗粒相互聚集形成大颗粒，从而减少微小颗粒的含量，提高浮选性能[11]。相比于常规浮选，剪切絮凝浮选可以获得更高的回收率，取得较好的捕收效果，但并未从根本上解决微细粒会增大矿浆的黏度，导致白钨矿产生非选择性吸附和非选择性聚集，使剪切絮凝浮选的选择性变差的问题[12]。澳大利亚的沃伦（L. J. Warren）首先用剪切絮凝浮选在试验室研究回收 −10 μm 白钨矿，在精矿的品位相近时，白钨矿回收率由常规浮选的 30% 提高到 50%，浮选速度提高 20 倍。剪切絮凝浮选目的在于增大欲选矿物的矿粒尺寸，使之有利于浮选回收。剪切絮凝浮选的两个必要条件是：（1）较强烈的搅拌条件，能提高矿浆流体剪切速度，增大矿粒的碰撞能；（2）长烃链捕收剂在目的矿物颗粒表面吸附产生的疏水键合力，可以降低矿粒间的斥力能垒，使之足以被搅拌所提供的碰撞能克服，导致絮凝而被浮出。影响剪切絮凝浮选的因素有很多，例如欲选矿粒的尺寸和疏水性、捕收剂的种类、矿浆搅拌时间和速度等。

首次在工业上生产应用的是瑞典于克斯约贝里（Yxsjoberg）白钨矿选厂，采用剪切絮凝浮选回收白钨矿。从原矿 −9 μm 白钨矿占 15.7%，白钨矿含量（质量分数）为 0.289% ~ 0.348%，选出含有 WO_3 65% ~ 69.9%，回收率为 78.2% ~ 79.9% 的白钨矿。该法是以矿粒的选择性疏水化为基础的疏水性团聚分选。与单一的浮选相比剪切絮凝法具有一定的优势，可以获得更高的回收率，达到更好的捕收效果。但是它并没有从根本上彻底解决微细粒白钨矿浮选这一难题。

P. T. L. Koh 等人研究得出白钨矿形成的絮团浮游速度比分散颗粒速度快了将近 20 倍，且在不影响精矿品位的前提下絮团回收率还提高了约 20 个百分点。

1.2.3.3 载体浮选

载体浮选又称背负浮选，是一种通过增加颗粒的表观粒径来实现微细粒矿物有效浮选回收的方法。其原理是以疏水的粗颗粒作为絮凝中心（载体），在表面活性剂和剪切力场的作用下使粗粒载体和相关的微细粒矿物互相接近、碰撞、黏附形成粗粒与微细粒的团聚体，从而提高微细粒与气泡黏着的概率，最后采用常规泡沫浮选法进行分选。一般来说，载体的粒度要有一个适宜的范围，载体的添加量应为微细粒矿物量的 20~40 倍。外加载体浮选和自载体浮选是两种常见的载体浮选方法[13-14]。

肖骏等人发现在碱性条件下，使用油酸钠作捕收剂，以 -100+50 μm 聚苯乙烯为载体粒子，可实现微细粒白钨矿有效浮选回收，进一步分析结果表明，白钨矿颗粒与载体之间存在较大的疏水力作用，并且微细粒白钨矿可在聚苯乙烯表面发生单层及多层疏水性黏附。陈秀珍研究了疏水性聚合物对细粒级白钨矿的载体浮选，结果表明，载体聚苯乙烯必须用 1% 的油酸预处理，增强聚苯乙烯的疏水性，才能起到载体的作用。利用疏水性聚合物作载体浮选细粒级白钨矿，浮选回收率从常规浮选 35.05% 提升到 76.37%。

1.3　白钨矿浮选药剂的研究现状

1.3.1　捕收剂

白钨矿浮选中常用的捕收剂有阴离子捕收剂、阳离子捕收剂、两性捕收剂和非极性捕收剂[15-18]。

阴离子捕收剂通常是一种含有羧酸、磷酸等官能团的化合物，主要包括脂肪酸类、磺酸类、膦酸类和螯合类捕收剂，其中脂肪酸类应用最广，主要包括油酸、油酸钠、氧化石蜡皂类和 GY 系列等。脂肪酸类捕收剂活泼性较强，在低温时也具有良好的溶解性，并且具有性价比高、造价低廉且对白钨矿捕收能力强等优点，但缺点是选择性差，不耐硬水，对温度较敏感。其捕收机理是脂肪酸中的羧基与白钨矿表面暴露的钙质点结合生成羧酸钙化合物，牢固地吸附在白钨矿颗粒表面，进而增强了白钨矿的表面疏水性。常见的脂肪酸类捕收剂有油酸、亚油酸、蓖麻油酸、塔尔油、棕榈酸、环烷酸、氧化石蜡皂等。艾光华等人用苯甲羟肟酸和改性脂肪酸类捕收剂对江西某低品位白钨矿进行常温一粗三精二扫的闭路浮选流程，原矿 WO_3 品位由 0.36% 提高到了 61.89%，回收率为 63.83%。周晓彤等人用地沟油、植物油脚为原料制备了新型白钨矿脂肪酸类捕收剂 CHC 和 THC，对湖南某高钙白钨矿进行了浮选捕收剂的对比试验研究，与常规捕收剂 731 相比，捕收剂 CHC 和 THC 对白钨矿具有选择性捕收效果好的特点，且用量少、成本低。张政权等人针对江西香炉山白钨矿采用 FX-6 捕收剂，取得了最终

白钨精矿 WO_3 含量（质量分数）为 69.86%、回收率为 89.95% 的良好指标。

阳离子捕收剂通常是一种含有胺基、醇基等官能团的化合物，主要是胺类捕收剂，白钨矿的表面电位与其他含钙脉石矿物相比更低，因此阳离子捕收剂具有更好的选择性[19]。这类捕收剂通常与白钨矿表面的金属离子发生键合作用，从而形成化学吸附。常见的阳离子捕收剂包括十二胺、十二烷基三甲基氯化铵、十二烷基二甲基苄基氯化铵及十二胺醋酸盐等。胡岳华等人研究了胺类捕收剂对白钨矿的影响，认为其作用机理是烷基胺中胺与矿物阴离子生成了铵盐，并且其捕收能力由强到弱的顺序为：白钨 > 重晶石/磷灰石 > 萤石/方解石。杨帆等人通过表面动电位分析、二辛基二甲基溴化铵（DDAB）的结构分析、红外光谱、量子化学分析等系统探讨了该季铵盐捕收剂在白钨矿和方解石表面的吸附作用规律。

两性捕收剂主要是指氨基酸类药剂，其具有阴离子和阳离子官能团，因此具有的优良性能有：（1）良好的水溶性和低温稳定性；（2）不受硬水和海水的影响或影响较小；（3）能够静电吸附和化学吸附在矿物表面，并能够与部分金属离子发生螯合作用，具有良好的选择性。目前已经报道的氨基酸类捕收剂有 α-苯氨基苄基膦酸（BABP）和油酰基肌氨酸等[20-21]。研究表明，采用 BABP 作捕收剂可实现白钨矿与萤石的选择性浮选分离，BABP 在溶液中电离出的一价阴离子是捕收含钙矿物的活性组分，而萤石表面在较宽 pH 值范围内荷正电，而白钨矿表面则呈负电，因此，BABP 更易在萤石表面发生吸附，通过严格控制矿浆的 pH 值可实现两种矿物的选择性浮选分离。此外，BABP 也可在白钨矿表面发生化学吸附，但作用强度较弱，因此对白钨矿捕收能力较弱，作用机理如图 1-1 所示。两性捕收剂具有良好的选择性和矿浆 pH 值适应性，但由于成本问题，目前仍停留在实验室研究阶段。然而，由于其对目标矿物具有良好的选择性和较好的生物降解性，两性捕收剂在未来具有广阔的应用前景。

非极性捕收剂常作为一种辅助捕收剂使用，可以用来调控泡沫结构、增强疏水作用、促进疏水团聚，进而提高精矿回收率和品位。非极性捕收剂通常是一些烃类化合物，例如煤油和柴油等，能够与矿物表面形成类似于疏水性气泡的微小气泡，并能与空气泡一起黏附于矿物表面，起到良好的浮选效果。将极性捕收剂与非极性捕收剂进行有效结合，既可以充分发挥两种捕收剂的优势，又可以降低药剂消耗、改善浮选指标[22]。

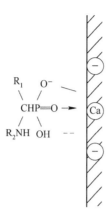

图 1-1　BABP 与含钙矿物表面作用示意图

(实线表示共价键，箭头表示配位键，虚线表示氢键)

1.3.2　调整剂

白钨矿与其他含钙脉石矿物具有相似的表面活性钙质点，导致它们的浮选行为非常相似，因此难以通过捕收剂实现选择性捕收。为了达到有效分离白钨矿和含钙脉石的目的，需要通过加入调整剂来改变它们的可浮性。下面主要介绍白钨矿浮选中常用的调整剂，包括 pH 值调整剂和抑制剂。

在浮选白钨矿时，通常采用碳酸钠和氢氧化钠来调整矿浆 pH 值，用碳酸钠作为介质调整剂时，除了可以调整矿浆的 pH 值外，还可以作为分散剂，有助于沉淀矿浆中会对浮选产生不良影响的金属离子。同时，碳酸钠与白钨矿表面发生化学反应后，也有利于油酸钠的吸附，进而提高白钨矿的浮选效果。大量的生产实践表明，对于含可溶性或微溶性矿物较多的矿石来说，使用碳酸钠最佳；对于基本不溶解的矿物，用氢氧化钠效果较好[23]。

抑制剂在白钨矿浮选中能够有效抑制含钙脉石矿物，从而提高浮选指标。常见的白钨矿抑制剂可以分为无机抑制剂和有机抑制剂。常见的无机抑制剂有硅酸盐类和磷酸盐类。

水玻璃是一种广泛应用于白钨矿浮选中的硅酸盐类抑制剂，其化学式为 $Na_2O \cdot nSiO_2$，其中，n 是水玻璃的模数，为水玻璃中 SiO_2 与 Na_2O 的比值。当水玻璃用量相同时，水玻璃的模数与其抑制效果成正比，水玻璃的最佳模数为 2.3~2.4。水玻璃水解产生的 $HSiO_3^-$、H_2SiO_3、SiO_3^{2-} 有很强的亲水能力，会吸附在脉石矿物表面使其亲水性增强而被抑制，同时水玻璃解离产生的阴离子 OH^-、

$HSiO_3^-$、SiO_3^{2-} 与阴离子捕收剂会相互排斥，从而使脉石矿物对脂肪酸类捕收剂的吸附能力降低。但是用量大和效率低是水玻璃使用过程中普遍存在的问题。随着白钨矿贫、细、杂程度加深，白钨矿越来越难浮选，单使用水玻璃这一种抑制剂不能获得合格的精矿，因此需对水玻璃进行改性以增强其对脉石矿物的抑制效果[24-26]，主要包括：（1）向硅酸钠溶液中加入硫酸或草酸使硅酸钠酸化可以改善硅酸钠对含钙矿物脉石矿物的选择性抑制作用，酸化的硅酸钠具有更高的聚合能力和更强的亲水性。孟宪瑜等人采用改性水玻璃，得到的白钨精矿 WO_3 品位高达 67.88%，回收率达 85.98%。广州有色金属研究院采用改进的"彼得洛夫法"处理湖南某地的白钨粗精矿时，在加温浮选阶段添加改性水玻璃，有效地分离了白钨矿与方解石、萤石等含钙脉石矿物。（2）与金属离子配合使用，水玻璃与金属 Al^{3+}、Cu^{2+}、Fe^{2+}、Pb^{2+}、Mg^{2+} 等离子组合后可以强化水玻璃对脉石的抑制效果，使用这些金属离子形成的水玻璃被称为盐化水玻璃。其原理是金属离子与水中的 OH^- 结合加快了硅酸钠的水解，使其产生更多有吸水性的胶体粒子来增强抑制效果，并且金属离子可与硅酸钠水解的产物形成复合硅酸盐胶体，这种胶体比硅酸胶体有更好的选择性。（3）与其他抑制剂组合，通过与不同比例的药剂组合，产生协同效应，实现脉石矿物的选择性抑制。曾庆军等人针对原矿 WO_3 品位 2.83% 的东北某白钨矿进行加温浮选，将水玻璃与其他抑制剂组合，最终得到了 WO_3 品位 75%、回收率 91.9% 的良好指标。叶雪均等人在处理 WO_3 0.27% 的矽卡岩型钨钼矿时，通过添加水玻璃和六偏磷酸钠，获得了 WO_3 品位 70.18%、回收率 85.31% 的钨精矿。邱廷省等人用水玻璃和六偏磷酸钠为组合抑制剂浮选某矽卡岩型白钨矿时，最终得到 WO_3 品位为 65.16%、回收率 76.49% 的白钨精矿。

六偏磷酸钠是一种主要的磷酸盐类抑制剂，它能与含钙脉石矿物表面的钙离子形成可溶性配合物，从而产生抑制作用。然而，这种反应会使溶液呈现乳白色，这表明生成的配合物不仅滞留在含钙脉石矿物表面，也分散在矿浆中，如果其他矿物吸附，则同样会引起抑制。

有机抑制剂主要是一些可以与脉石矿物发生选择性吸附的含有羟基、羧基、磺酸基的物质，按相对分子质量大小可以分为大分子抑制剂和小分子抑制剂。大分子抑制剂包括单宁、淀粉、CMC、腐殖酸钠、聚丙烯酸等，可用于抑制石英、方解石、石榴子石、萤石；小分子抑制剂包括草酸、柠檬酸、乳酸、琥珀酸等，可用于抑制方解石、萤石。

1.4 白钨矿与各种矿物的浮选分离

1.4.1 白钨矿与硫化矿的浮选分离

白钨矿与硫化矿的分离是一个复杂的工艺过程。因为白钨矿常常与铜、铅、锌、钼、铋等硫化矿伴生，所以在浮选时需要兼顾硫化矿的回收，同时也要考虑后续白钨矿的浮选。伴生多金属硫化矿具有极大的经济利用价值，对其进行综合回收能提高钨资源的综合利用价值，实现钨资源利用的最大化，进而提高钨矿山的经济效益。钨矿石中伴生的多金属矿物的种类、数量、粒度和相互共生状况随矿床的不同而异，其综合回收的工艺流程不尽相同，难度均较大。加强钨伴生多金属矿的综合回收，不仅能有效缓解钨矿山企业的经济压力，提高企业的经营活力，助力矿山企业渡过难关，同时能够有效回收各金属矿物，缓解我国有色金属、稀有金属、贵金属等矿产资源供应紧张的局面。为了充分回收硫化矿并尽量避免硫化矿进入钨浮选体系，个别选矿厂在处理低含量的硫化矿和白钨矿时，不进行白钨浮选前的脱硫试验，直接进入白钨矿浮选。只是在白钨加温精选作业中，加入一些硫化矿的抑制剂，如硫化钠、氰化钠等，以将最终白钨精矿中的硫控制在可接受的范围内[27]。

某白钨矿伴生多金属硫化矿，其中铜品位为 0.17%，银品位为 12.92 g/t，是综合回收的主要硫化矿物，但该白钨矿矿物组成复杂、目的矿物嵌布粒度有差异，分选难度大。根据原矿工艺矿物学及选矿试验结果，确定采用强磁选—铜银全浮—铜浮选—铜硫分离工艺综合回收该白钨矿伴生铜、银硫化矿，最终获得了铜品位 22.61%、铜回收率为 78.93% 的铜精矿，以及银品位为 9185.50 g/t、银回收率为 29.86% 的银精矿。

陈文胜[28]研究了硫化钠在加温精选中的效果，并探讨了其作用机理。Na_2S 在矿浆中溶解出的 HS^- 能抑制捕收剂在黄铁矿和磁黄铁矿表面上的吸附，并且以硫化物的形式吸附在其表面，增加了矿物的亲水性，从而降低了精矿中硫的含量。此外，Na_2S 水解时产生的 OH^- 和 S^{2-} 等组分，可以与矿浆中游离的多价金属离子生成难溶性沉淀，从而消除和降低矿浆中 Pb^{2+} 等离子对非目的矿物的活化作用，提高白钨精选效率。

1.4.2 白钨矿与含钙矿物的浮选分离

我国白钨矿资源丰富，但白钨矿常常与含钙脉石矿物共生，这类脉石矿物的可浮性与白钨矿十分接近。在浮选过程中会对白钨矿的浮选产生非常大的干扰，最终会影响白钨精矿的品位和回收率。此外，白钨矿性脆，易过粉碎，在选矿过程会因粒度变细而使其表面能增大，降低其原有的可浮性，导致白钨矿浮选回收难度增加。

方解石（$CaCO_3$）和萤石（CaF_2）等是与白钨矿（$CaWO_4$）共生的含钙矿物。这些含钙矿物溶解性较好，它们在矿浆体系中的离子与捕收剂离子之间的相互作用关系非常复杂，这导致白钨矿与含钙脉石分离非常困难。矿物的可浮性与表面特性密切相关，由于矿物的晶体结构不同，因此矿物表面特征和浮选差异性也很大。含钙矿物的溶解会产生 WO_4^{2-}、F^-、CO_3^{2-} 等物质，在矿物表面发生吸附，进而引发化学反应，导致矿物表面组分发生转化，矿物表面的性质发生变化。当几种含钙矿物混合在矿浆中时，它们会表现出相似的表面物理化学性质和可浮性[29]。

针对湖南柿竹园某白钨矿品位低、含钙脉石矿物较多的特点，刘红尾等人[30]进行了常温条件下的石灰法浮选分离探索。在原矿含 WO_3 0.39%的情况下，通过添加酸化水玻璃进行开路精选，获得了含 WO_3 42.12%和回收率 46.26%的较好指标。研究表明，在粗选阶段，石灰法有效地抑制了方解石和萤石等矿物，从而达到了白钨矿与含钙脉石矿物良好分离的目的。

王秋林等人[31]以某白钨浮选为具体对象，采用高效选择性组合抑制剂 Y88 有效抑制了脉石矿物，获得含 WO_3 品位 72.8%、回收率 84.85%的白钨精矿。研究发现，Y88 的分子结构中含有许多亲水活性基团，常温下极易与含钙脉石矿物表面的 Ca^{2+} 反应生成极易溶于水的 CaR_2 亲水薄膜，因而极大增强了含钙脉石矿物表面的亲水性，实现了白钨矿与含钙脉石矿物的有效分离。

叶雪均[32]通过对白钨-石英型、白钨-方解石、萤石型两种不同类型白钨矿石的进行浮选试验。研究结果表明，石灰+碳酸钠法用于白钨-萤石、方解石型矿石的粗选具有选择性强、富集比高的优点，为常温条件下的白钨精选创造了有利条件。

1.4.3 白钨矿与硅酸盐矿物的浮选分离

白钨矿与石英、硅酸盐类矿物浮选分离时用油酸作捕收剂，加入水玻璃作为抑制剂，就能有效地抑制石英、硅酸盐类脉石。水玻璃的抑制顺序是：石英>硅酸盐>方解石>磷灰石>钼酸盐>重晶石>白钨矿[33]。

江西某白钨矿床属斑岩型钨钼矿床，原矿中含 WO_3 0.16%，含 SiO_2 69.50%，对钨粗精矿进行常温精选，精选时加入大量水玻璃搅拌 30 min，能获得 WO_3 品位 59.10%、回收率 76.90% 的选矿指标。

1.5 流变学在浮选中的应用

1.5.1 流变学基本概念

流变学是研究流体在外加应力下的变形和流动行为。流体的流动特性由与施加到流体上的剪切速率相关的剪切应力图来表征（见图 1-2），可以观察到流体的各种行为。

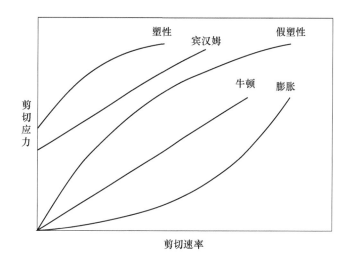

图 1-2 不同流体的剪切速率作为剪切应力函数的示意图

一般来说，悬浮液可以表现出牛顿或非牛顿行为，后者包括膨胀性、塑性、假塑性和宾汉行为。牛顿流体表现出剪切应力随剪切速率线性增加的规律。通常与流变学研究相关的两个重要流变术语是：屈服应力，即零剪切速率下剪切应力轴上流动曲线的截距；黏度，即连接流动曲线上特定点和原点的直线的斜率。研究表明，材料流动在屈服应力以下和以上是显著不同的[34]。如

图 1-2 所示，对于牛顿流体，黏度在整个剪切速率范围内是恒定的，而对于非牛顿流体，该值作为剪切速率的函数而变化。因此，非牛顿流体在任何点的黏度称为"表观黏度"。

1.5.2 影响矿浆流变性的因素

矿浆流变学是研究矿物加工过程中矿浆流体在外加剪切应力作用下流动与变形性质的学科[35]。通过研究矿浆在矿物组分[36]、粒度组成[37]、化学药剂[38]、外加力场等因素作用下变形与流动的规律，分析矿浆流体中由于矿物颗粒（包括矿石矿物与脉石矿物）粒度与表面性质差异引起的矿浆整体黏度、屈服应力、黏弹性等流变特性的变化规律，揭示矿浆中矿物颗粒之间的相互作用与聚集分散行为，为磨矿[39-40]、搅拌、浮选[41]、过滤[42]等矿物加工过程的研究提供参考依据。在浮选过程中有可能影响矿浆特性的因素很多，如矿浆浓度、药剂、矿物种类、矿物粒度组成等，这些因素对矿浆流变性的影响各不相同。

1.5.2.1 矿浆浓度

矿浆浓度是矿物加工中支配矿物悬浮液流变性的基本变量之一[43]。矿浆表观黏度通常随着矿浆浓度的增加而增加。在大多数浮选矿浆中，通常使用低浓度，矿浆越稀，分离越干净。在矿物浮选中，矿浆浓度（质量分数）通常为 5%~40%（体积分数为 11%~20%），上限浓度约为 50%（体积分数约 27%）[44]。在这种情况下，含有有用矿石的浮选矿浆是牛顿的或非常接近牛顿的低黏度矿浆，但由低品位和复杂矿石组成的浮选矿浆通常是非牛顿的，表现出假塑性或宾汉行为，这可能对浮选产生有害的流变效应[45-46]。

1.5.2.2 矿物种类

对矿物悬浮行为的研究表明，矿物颗粒独特的形态和表面电荷，特别是与黏土矿物相关的电荷和形态，在确定矿浆流变性方面起着非常重要的作用[47-49]。Burdukova 等人[36]研究了不同矿石类型的矿浆流变性和矿物学之间的关系。研究表明，非膨胀黏土，如滑石和绿泥石，对矿浆屈服应力和黏度的影响最小，而膨胀黏土，如蒙脱石，对矿物矿浆的黏度有显著影响。Yan 等人[50]使用原子力显微镜对云母的层面和端面分别进行了研究，结果表明：云母的层面带永久负电荷，且端面的零电点在 pH 值为 7.5。因此，推测影响白云母矿浆流变性的主要原因是矿物颗粒在矿浆中形成端面-层面和端面-端面结合的三维网状结构[51]，表现为具有较大的表观黏度。

1.5.2.3 矿物颗粒特性

浮选指标的稳定性取决于浮选条件相关限制内矿物颗粒的可浮性[52]。众所周知，粒度显著影响矿浆的流变性能，矿浆的表观黏度通常随着粒度的减小而增加。此外，矿浆流变性也受到颗粒形状的影响，在相同的颗粒体积分数下，不规则颗粒之间的摩擦程度大于球形颗粒之间的摩擦程度[53]。

1.5.2.4 矿物颗粒间的相互作用

在低品位和复杂矿石的矿浆中，存在着大量的细/超细颗粒，包括胶体颗粒和黏土，这些颗粒之间的相互作用力成为决定浮选矿浆流变性质的主要因素之一[54-55]。据报道，硬球相互作用、静电相互作用、空间相互作用和范德华引力控制着浮选矿浆的流变性。

硬球相互作用是指浮选矿浆中固体颗粒之间的相互作用，通常是通过排斥力来描述的。当颗粒之间距离过近时，它们之间会发生斥力，从而影响浮选矿浆的流变性，当排斥力和吸引力都被屏蔽（或者存在中性稳定性）时，矿浆的流变性由布朗扩散和流体动力学相互作用之间的平衡决定。

静电相互作用是指浮选矿浆中固体颗粒之间的静电斥力。由于固体颗粒通常带有电荷，因此它们之间会产生静电作用力，在这些相互作用下，双电层被延伸，并且流变性由双电层排斥决定，特别是对于细颗粒和延伸的双电层。

空间相互作用是指浮选矿浆中固体颗粒和流体介质之间的相互作用。在空间相互作用中，悬浮液的流变性由吸附的表面活性剂或聚合物层给出，聚合物的长度决定了悬浮液的流变性，在大多数空间稳定的悬浮液中，吸附或接枝层与颗粒半径相比具有相当大的厚度[56]。

范德华引力是指浮选矿浆中固体颗粒之间的范德华吸引力，这种吸引力通常与颗粒间的分子极性和极化有关。范德华引力可能会导致粒子絮凝，根据引力的大小，它可以是弱的，也可以是强的，双电层排斥作用和范德华引力的结合导致了众所周知的胶体稳定性的DLVO理论。当双电层是电中性时，静电排斥力几乎不存在，范德华引力控制分散行为，表现出最大屈服应力[57-58]。

1.5.3 矿浆流变性测量方法

目前，已有多种仪器应用于矿浆流变性测量，如毛细管黏度计、振动球黏度计和旋转流变仪等[59-60]。一些研究报道了在恒定剪切速率或剪切应力模式下使用各种流变仪测量屈服应力的不同技术，在恒定低剪切速率（≪ 1 s⁻¹）下使用叶片法，可以用于测量细颗粒的屈服应力[61]。然而，由于实际限制，在如此低的剪切速率下进行测量通常是困难的。在这种情况下，屈服应力可以用数学模型来估算，包括将数据外推至零剪切速率。宾汉姆式（见式（1-1））或卡森式（见式（1-2））模型常用于估算黏度和屈服应力[62]：

$$\tau = \tau_B + \eta_{pl}D \tag{1-1}$$

$$\tau^{1/2} = \tau_B^{1/2} + (\eta_{pl}D)^{1/2} \tag{1-2}$$

式中，η_{pl} 为塑性黏度（屈服点以上的剪切应力/剪切速率线的斜率，表示外推至无剪切速率时矿浆的黏度）；D 为剪切速率；τ_B 为屈服应力；τ 为剪切应力。

旋转流变仪比其他仪器具有更大的优越性，因为它能在一定的剪切率下进行流变性能的测定和数据分析[63]。研究发现，采用同轴圆筒式流变仪可对贫、细、杂等难处理的高黏性矿石进行高效的流变性能测试。Cruz 等人[64]提出了这类矿浆流变学测量的具体步骤，即以 1000 s⁻¹ 的速率高速剪切圆筒内矿浆 15 s 以使矿粒均匀分散，然后静置矿浆 3 s 后开始进行测量，时间持续 35 s。

1.5.4 矿浆流变学在矿物浮选中的应用

目前矿浆流变学已经涉及硫化矿、氧化矿、黏土矿物、煤泥等矿浆中不同矿物颗粒之间相互作用的研究[65-69]。通过矿浆流变性的测量，研究矿浆流变性对矿浆中水动力学、气泡分散、颗粒悬浮、气泡-颗粒碰撞、黏附和解体等浮选过程的影响。

Cruz 等人[70]发现，在铜金矿浮选作业中，某些含钙矿物溶解产生的 Ca^{2+} 与黏土矿物作用增大了矿浆的表观黏度与屈服应力，导致矿浆中形成了稳定的三维结构，阻碍了气泡的有效分散和浮选药剂与目的矿物的选择性作用，导致铜矿浮选恶化。而高岭石在对应浮选药剂作用下对矿浆表观黏度没有较大影响，但是显著地增大了泡沫层的屈服应力，表明高岭石是以夹带的方式进入精矿而恶化浮选[71]。

Zhang 等人[72]通过研究高岭石和膨润土对铜金矿物矿浆的影响，发现黏土矿物相互作用是影响矿浆流变性的主要因素。膨润土具有膨胀性，对矿浆流变性的影响更大。矿浆黏度越高，铜回收率越低，而高岭石对金的浮选有微弱的促进作用。

龙涛等人[73]在微细粒白钨矿浮选体系中发现，微细粒白钨矿与方解石矿浆表观黏度高，屈服应力大，调控搅拌调浆过程中的能量输入可以显著提升浮选过程的选择性。

Basnayaka 等人[74]研究发现高岭土和膨润土两种黏土矿物对以黄铁矿为载体的金矿的浮选影响不同。膨润土对黄铁矿回收率和矿浆流变性的影响较大，而含钙膨润土矿浆中加入 Ca^{2+} 可以改善黄铁矿的流变特性[75]。

1.5.5 矿浆流变性的调控方法

对于浮选体系，悬浮液内部的结构特性决定了其流变学性质，颗粒之间的吸引或排斥行为、气泡之间的碰撞和兼并过程会导致矿浆的表观黏度、屈服应力、黏弹性等流变性发生变化，体现出剪切增稠、剪切变稀、胀塑性、假塑性等典型的特征，这些特征是矿浆中各种组分在搅拌调浆过程、矿化过程、矿浆输运过程、浮选泡沫层富集过程中的相互作用力的综合体。而当其中某一项发生变化时，往往会导致整体上的流变性也发生改变[76]。所以浮选矿浆的流变学性质可以成为浮选过程中可控制的调节变量。

目前调控矿浆流变性的方法包括物理方法和化学方法。物理方法主要通过强化剪切流场为矿物颗粒提供足够的动能摆脱彼此间的引力作用，包括高强度搅拌、旋流分散和超声分散，其中水力旋流器分散由于剪切流场强度不够，不能有效抑制这种网状结构。而高强度搅拌则可以通过调整叶轮的数量、形状和转速提供强烈的湍流。Yu 等人[77]研究表明，高强度搅拌能够破除高岭土颗粒形成的网状结构，但是发现搅拌必须达到临界强度才能产生效果，当搅拌强度低于临界强度时，整个网状结构随矿浆做整体运动，网状结构本身不会发生改变。

超声分散是另外一种物理方法。Celik 等人[78]研究了超声分散对高黏土型硼矿浮选的影响，结果表明，在没有超声处理的情况下回收率仅为 5%，而超声处理 60 s 后回收率提高到 90%以上，认为是超声形成的强烈扰动促使颗粒剧烈振动脱离了彼此束缚，黏土颗粒间的网状链接变得松散使得硼矿物上浮效率增加。另外陆成龙还研究过升温对二氧化硅微粉悬浮液粒子结构的影响，发现温度升到 40 ℃时，二氧化硅微粉表面 Si—OH 键脱水聚合成长链—Si—O—Si—，反而形成紧密三维网状结构。当温度继续上升时，长链又会在布朗运动和剪切作用下破坏，网状结构稳定性也随温度的升高而降低[79]。这些研究表明，强化搅拌、超声波处理和加温都可能是有效改变矿浆结构的物理方法。

添加无机或者有机调整剂的化学方法，是调控矿浆流变性的另一条途径。有关调整黏土网状结构的研究中发现，少量添加无机分散剂六偏磷酸钠、硅酸钠等能够强化黏土颗粒间的静电斥力而降低矿浆黏度，但无机调整剂的用量至关重要，过量添加会导致悬浮颗粒的重新凝结而增加矿浆黏度[80]；有机调整剂主要通过静电作用和空间位阻效应来改变网状结构的性质，在用量较少时主要是静电作用，用量较大时空间位阻效应就发挥主要作用。值得注意的是，有研究发现高分子絮凝剂能够加强颗粒之间的引力作用，使得黏土颗粒紧密团聚在一起，矿浆黏度反而降低，这说明絮凝也可能是一种调整网状结构和矿浆流变学性质的有效方法[81]。我国白钨矿大多为难选矽卡岩型，矿物成分复杂，且与含钙脉石矿物难以有效分离。在白钨矿浮选过程中，脉石矿物的物理/化学性质的差异会导致浮选行为变得复杂。而矿浆流变性可以表征矿浆中矿物颗粒间的相互作用与分散/聚集行为。有研究表明，在白钨矿-石英-方解石人工混合矿浮选体系中，通过调节调浆搅拌过程中能量的输入，改变矿浆的屈服应力，可以促进微细粒白钨矿形成疏水性颗粒聚团，同时增强抑制剂海藻酸钠的选择性作用，提升富集比。

2 试验样品与试验方法

2.1 试验矿样

2.1.1 单矿物制备

试验所用纯矿物样品取自湖南某矿山，白钨矿纯度为 98%，石英纯度为 99%，电气石纯度为 99%，白云母纯度为 97.6%，磷灰石纯度为 90%，5 种单矿物的 XRD 检测如图 2-1 所示。经人工挑选、破碎提纯后，取−2 mm 粒级的矿物

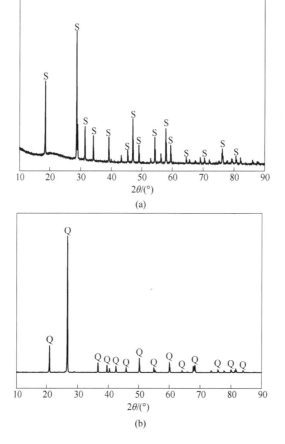

(a)

(b)

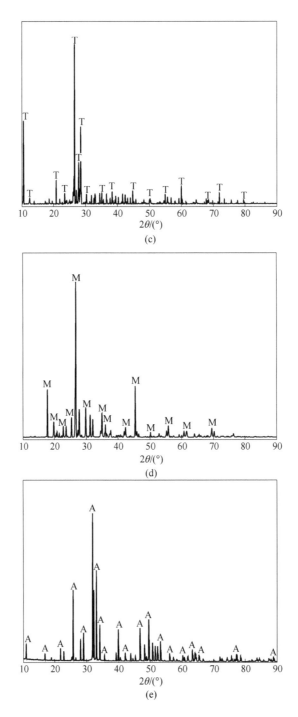

图 2-1　白钨矿、石英、电气石、白云母、磷灰石 XRD 图

（a）白钨矿；（b）石英；（c）电气石；（d）白云母；（e）磷灰石

用三头研磨机进行干式研磨，通过干式标准筛筛分，取 −74+38 μm 粒径的矿样，用于流变学测量、浮选试验及泡沫稳定测量。

2.1.2 人工混合矿制备

在研究不同脉石矿物对白钨矿和石英人工混合矿浮选的影响时，制备了一系列人工混合矿。每份人工混合矿中白钨矿质量分数固定为 10%，脉石矿物质量配比分别为 10%、20%、30%、40%、50%、60%，随着脉石矿物配比的增加，石英配比减小为 80%、70%、60%、50%、40%、30%。

2.1.3 实际矿石制备

试验所用白钨矿实际矿样由湖南某钨选矿厂提供，样品中钨矿物以白钨矿为主，其次为黑钨矿；金属硫化物以黄铁矿为主，含极少量磁黄铁矿、毒砂、黄铜矿；含少量褐铁矿，部分褐铁矿含钨。脉石矿物主要有石英、白云母、电气石、绿泥石、黑云母等，含少量磷灰石。石英与白云母矿物含量很高，分别约占样品的 56% 和 21%。

将矿石破碎至 −2 mm，用于磨矿和浮选试验，制备流程如图 2-2 所示。

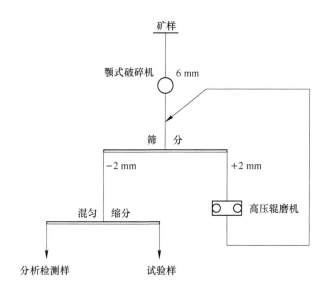

图 2-2　实际矿试样制备流程

2.2 试验药剂与设备

2.2.1 试验药剂

试验所用药剂见表 2-1。

表 2-1 化学试剂

药 剂 名 称	分子结构式	纯 度	来 源
氢氧化钠	NaOH	分析纯	天津市河东区红岩试剂厂
盐酸	HCl	分析纯	四川西陇科学有限公司
油酸钠	$C_{18}H_{33}NaO_2$	分析纯	天津市光复精细化工研究所
碳酸钠	Na_2CO_3	分析纯	天津市河东区红岩试剂厂
硅酸钠	$Na_2SiO_2 \cdot 9H_2O$	分析纯	天津市光复化学试剂厂
六偏磷酸钠	$(NaPO_3)_6$	分析纯	天津市光复化学试剂厂

2.2.2 试验仪器与设备

试验所用仪器与设备见表 2-2。

表 2-2 仪器设备

设 备 名 称	规 格 型 号	生 产 厂 家
单槽式浮选机	XFD	吉林省探矿机械厂
旋转流变仪	Haake Mars 40	Thermo Scientific 公司
真空过滤机	XTLZφ260/φ200	武汉洛克粉磨设备制造有限公司
电子天平	ESJ60-4	沈阳电子龙腾有限公司
三头研磨机	RK/XPM-φ120×3	武汉洛克粉磨设备制造有限公司
电泳仪	JS94H	上海中晨数字技术设备有限公司

设备名称	规格型号	生产厂家
全自动表面张力仪	K-100 系列	德国汉堡 KRUSS 公司
挂槽式浮选机	RK/FGC-5-35	武汉洛克粉磨设备制造有限公司
超声波细胞粉碎机	JY92-IIDN	宁波新芝生物科技股份有限公司
球磨机	RK/ZQM	武汉洛克粉磨设备制造有限公司
磁力搅拌器	C-MAG	德国 IKA
电热鼓风干燥箱	DGF30/4-IIA	南京实验仪器厂
精密 pH 计	PHS-3C	上海仪电科学仪器股份有限公司

2.3 试验研究方法

2.3.1 浮选试验

2.3.1.1 单矿物浮选试验

本节的单矿物浮选试验使用 40 mL 有机玻璃浮选槽，浮选温度控制在 25 ℃左右。浮选试验的给矿通过向浮选槽中添加计算好质量的单矿物粉末或向浮选槽中转移计算好体积的矿浆实现。单矿物粉末或者矿浆与蒸馏水混合后置于浮选槽内，在 1800 r/min 下混合搅拌 1 min；依次加入调整剂、捕收剂，每种药剂的作用时间为 3 min。浮选时间为 2 min，手动刮泡，间隔 15 s 刮泡一次。单矿物浮选试验流程如图 2-3 所示。

浮选过程中，精矿与尾矿分别使用玻璃表面皿收集、烘干、称重、计算精矿产率。精矿回收率 $\varepsilon(\%)$ 计算公式为：

$$\varepsilon = \gamma = \frac{m_1}{m_1 + m_2} \times 100\% \qquad (2\text{-}1)$$

式中，m_1、m_2 分别为精矿和尾矿的质量。

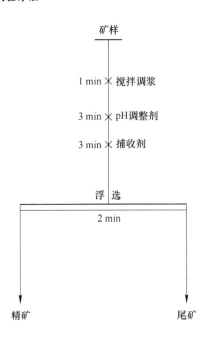

图 2-3 单矿物浮选试验流程

2.3.1.2 人工混合矿浮选试验

本节的混合矿浮选试验使用 40 mL 浮选槽。浮选操作与单矿物浮选试验相同，对刮泡得到的精矿与尾矿，经烘干、称重以后，计算各产品的产率，化验钨元素的品位，计算白钨矿的含量，进而计算白钨矿的回收率。精矿产率 $\gamma(\%)$ 与精矿中白钨矿的回收率 $\varepsilon(\%)$ 按式（2-2）和式（2-3）计算：

$$\gamma = \frac{m_1}{m_1 + m_2} \times 100\% \tag{2-2}$$

$$\varepsilon = \frac{\beta \cdot \gamma}{\alpha} \times 100\% \tag{2-3}$$

式中，γ 为精矿的产率；m_1、m_2 分别为精矿和尾矿的质量；β 为精矿中白钨矿的品位；α 为原矿中白钨矿的含量。

本书中，混合矿主要包括白钨矿-白云母-石英、白钨矿-电气石-石英、白钨矿-磷灰石-石英三种混合矿。

2.3.1.3 实际矿石浮选试验

本节的白钨矿实际矿石取自湖南郴州某选矿厂。采用球磨机以 50% 的磨矿浓度对 200 g 矿石进行一定时间的磨矿处理后,将矿浆置于在 0.5 L 的浮选槽中,按照设计的浮选方案和药剂制度进行浮选试验。搅拌时间为 2 min,依次加入调整剂、分散剂和捕收剂,每种药剂的作用时间为 3 min,浮选时间为 2 min。试验完成后,对浮选过程中得到的精矿产品进行烘干、称重和化验,确定钨元素的品位,并计算各组分的回收率。

2.3.2 矿浆流变性检测

流变检测由 Haake Mars40 流变仪进行。每次将 13 mL 矿浆样品倒入杯中,降低转子,直到转子和杯底之间的间隙为 1 mm。流变学测量具体步骤为:

(1) 矿浆在剪切速率为 100 s^{-1} 的条件下预剪切 60 s。

(2) 矿浆在剪切速率为 0 s^{-1} 时稳定 10 s。

(3) 在剪切速率为 0~180 s^{-1} 的范围内测量流变曲线。

流变图为剪切速率与剪切应力的函数关系图。在测量过程中,温度保持在 25 ℃,精确度为 ±1 ℃。

选择 Herschel-Buckley 模型来分析矿浆的流体特性,因为该模型在试验段最符合流变曲线。模型由式 (2-4) 描述。

$$\tau = \tau_B + \eta_B \cdot \gamma^p \tag{2-4}$$

式中,τ 为剪切应力,Pa;γ 为剪切速率,s^{-1};τ_B 为 Herschel-Buckley 屈服应力,Pa;η_B 为流动系数,$Pa \cdot s^p$;p 为 Herschel-Buckley 流动指数。τ_B 项为矿浆的外推屈服应力,其定义为在外力影响下的初始变形阻力。流动系数 η_B 为描述矿浆稠度的一个术语,而 Herschel-Buckley 流动指数 p 表示偏离牛顿流体行为。

2.3.3 矿物颗粒表面电位测定

试验的动电位采用 JS94H 电泳仪测定,具体的试验步骤为:取纯矿物样品磨细至 -37 μm,每次称取 0.1 g 矿样放到 50 mL 烧杯中,加入蒸馏水至 40 mL,然后分别加入药剂并用磁力搅拌器搅拌 5 min,静止 10 min 后,用针管抽取上层矿浆注入到样品槽内，将样品槽放入电泳仪中，盖好盖子，开始进行动电位测定。取 3 次检测结果的平均值为试验最终数据。

2.3.4 浮选泡沫稳定性测量

采用气流法测量泡沫稳定性。测量装置为一带刻度的、底部装有毛细管的圆柱形石英管，如图 2-4 所示。其中 Hallimond 管的内径为 4.5 cm，高度为 100 cm。使用磁力搅拌器调浆后，将矿浆迅速移入泡沫管内并以恒定的速度向容器内缓慢通气一段时间后，观测管内泡沫高度，当泡沫达到平衡时，立即测量泡沫最大高度 H；停止充气后，记录泡沫高度衰减到原来高度的一半时所需的时间 $t_{1/2}$，用于表征泡沫的稳定性。

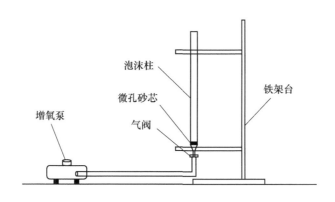

图 2-4 泡沫稳定性测量装置

2.3.5 矿物表面润湿性测量

基于柱毛细法，采用德国汉堡 KRUSS 公司 K-100 系列全自动张力计中的吸附模板对白钨矿颗粒的接触角进行测量，环境温度可通过外置循环温控设备进行控制。具体测量步骤为：

（1）测定液体的密度、表面张力和黏度。

（2）测定矿物颗粒毛细常数：将待测样品填实到透明玻璃柱中，并用多孔盖封闭，悬挂至样品台，试验液体选择正己烷，选择毛细常数测量，开启测量程序。

（3）测定矿物颗粒接触角：试验步骤同上，选择接触角测量程序，填写所得毛细管常数，开启测量程序。系统利用 Washburn 经典公式（2-5）计算得到一定条件下粉末样品的接触角，每个样品测量 3 遍取其平均值。

$$\frac{m^2}{t} = \frac{c\rho^2\sigma\cos\theta}{\eta}$$

（2-5）

式中，m 为样品质量，g；t 为液体在粉末中的流动时间，s；σ 为液体的表面张力，mN/m；c 为待测粉末毛细常数；ρ 为液体的密度，g/cm^3；θ 为样品接触角，（°）；η 为液体的黏度，Pa·s。

3 基于矿浆流变性脉石矿物
对白钨矿浮选的影响

在浮选体系中，矿物表面性质是影响矿物悬浮液流变性的重要因素之一。本章考查白钨矿浮选体系中矿浆浓度、矿物种类、矿物含量、矿物颗粒表面性质等因素与矿浆流变性的相关性，进而初步探明各种矿浆体系的结构特点，为后续混合矿体系中矿浆的流变性对浮选分离行为的影响研究提供理论基础。

3.1 矿物组分分析

对白钨矿实际矿石进行了 XRD 检测，结果如图 3-1 和表 3-1 所示。根据物相分析结果可知，矿石中有用矿物为白钨矿，脉石矿物主要为石英、电气石、白云母和绿泥石，含少量磷灰石。因此本节选择的脉石矿物为石英、电气石、白云母为主的硅酸盐类矿物及磷灰石为主的含钙矿物。探索这 4 种脉石矿物对白钨矿浮选及矿浆流变性的影响。

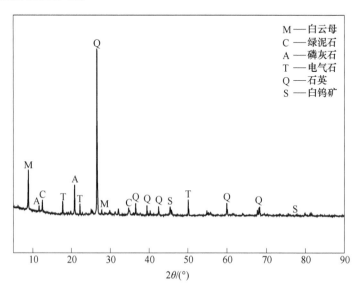

图 3-1　白钨矿实际矿石 XRD 图

表 3-1 原矿矿物组成及含量

原矿矿物组成	白钨矿	石英	电气石	白云母	绿泥石	磷灰石
占比/%	0.48	31.15	30.93	24.88	8.28	4.28

3.2 矿物晶体结构

3.2.1 白钨矿晶体结构

白钨矿属于四方晶系的钨酸盐矿物，化学分子式为 $CaWO_4$，空间群：$4/m$，晶胞参数 $a = b = 0.524$ nm，$c = 1.138$ nm，$\alpha = \beta = \gamma = 90°$，$Z = 4$，晶体结构如图 3-2 所示。白钨矿晶体中常赋存有钼元素，一般认为其主要以类质同象方式混入白钨矿晶体中，形成部分的钼酸钙，分子式为 $CaW(Mo)O_4$。白钨矿晶体为近于八面体的四方双锥状（假八面体状），{101} 晶面上常具斜纹，依 {101} 呈双晶普遍，集合体多呈不规则粒状，较少呈致密块状。无色或白色，一般多呈灰色、浅黄、浅紫或浅褐色。玻璃光泽到金刚光泽，断口呈油脂光泽。解理平行 {111} 中等，断口参差状。莫氏硬度 4.5 ~ 5。密度 5.8 ~ 6.2 g/cm^3（随钼的增加而降低），性脆。白钨矿晶体具有荧光性，在紫外线照射下发浅蓝色至黄色的荧光。在白钨矿晶体中，钙离子与周围 6 个钨氧四面体的 6 个氧原子配合，形成 $Ca-O_6$ 四

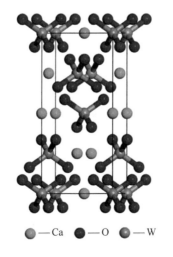

●—Ca ●—O ●—W

查看彩图

图 3-2 白钨矿晶体结构示意图

方双锥体。据报道，钙离子与氧负离子的距离在 c 轴和在水平方向上是不同的，Ca—O 键在 c 轴方向为 0.248 nm，而在 a 轴方向为 0.244 nm。在钨酸根中，钨离子与 4 个氧离子形成沿 c 轴方向稍扁平的四面体结构，其中钨位于四面体中心，氧离子位于四面体 4 个角顶。在此钨氧四面体中，4 个氧离子与钨离子的距离是相等的，W—O 键长为 0.178 nm，键角不同，分别为 107.4° 和 113.8°。据相关报道，当白钨矿晶体在破碎、磨矿作用下粒度变小的时候，常见的暴露面为 {001}、{112} 面，暴露质点有钙质点和钨氧八面体质点。

3.2.2 磷灰石晶体结构

磷灰石是一类含钙的磷酸盐矿物总称，其化学成分为 $Ca_5(PO_4)_3(F,Cl,OH)$，其中含 CaO 为 55.38%，含 P_2O_3 为 42.06%，含 F 为 1.25%，含 Cl 为 2.33%，含 H_2O 为 0.56%。晶体属六方晶系，空间群：$P6_3/m$，$a = 0.0943$ nm，$c = 0.0688$ nm；$Z = 2$。晶体结构的基本特点为：Ca-O 多面体呈三方柱状，以棱及角顶相连呈不规则的链沿 c 轴延伸，链间以 [PO_4] 连接，形成平行于 c 轴的孔道，附加阴离子 Cl^-、F^-、OH^- 充填于此孔道中也排列成链，坐标高度可变，并有缺席的无序-有序。F-Ca 配位八面体角顶的 Ca，也与其邻近的 4 个 [PO_4] 中的 6 个角顶上的 O^{2-} 相连，如图 3-3 所示。最常见的矿物种是氟磷灰石 $Ca_5(PO_4)_3F$，其次有氯磷灰石 $Ca_5(PO_4)_3Cl$、羟磷灰石 $Ca_5(PO_4)_3(OH)$、氧硅磷灰石 $Ca_5[(Si,P,S)O_4]_3(O,OH,F)$、锶磷灰石 $Sr_5(PO_4)_3F$ 等。磷灰石晶体常见，一般呈带锥面的六方柱；集合体呈粒状、致密块状、结核状；呈胶体形态的变种称为胶磷灰石，其矿石称为胶磷矿。莫氏硬度 5，密度 3.18~3.21 g/cm³；颜色呈

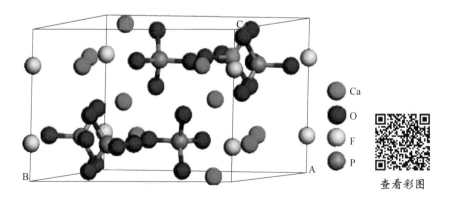

Ca
O
F
P

查看彩图

图 3-3 磷灰石晶体结构示意图

黄至浅黄、蓝色、绿色、紫色、粉红色等；具有玻璃光泽，断口油脂光泽；断口不平坦，可见贝壳状断口。

3.2.3 电气石晶体结构

电气石类矿物是具有双层六方环状结构的含硼硅酸盐矿物。其结构通式为 $XY_3Z_6[Si_6O_{18}](BO_3)_3(OH)_4$，其中 X 的位置主要被 Na^+、Ca^{2+}、K^+ 占据；Y 的位置主要被 Mg^{2+}、Fe^{2+}、Al^{3+}、Li^+ 占据；Z 的位置主要被 Al^{3+} 占据；其中 X、Y、Z 三位置的原子或离子种类不同会影响电气石的物理性质。电气石属三方晶系，晶胞参数 $a=b=1.5948$ nm，$c=0.7208$ nm，晶体呈柱状，柱面上一般有纵纹存在，集合体呈隐晶质、棒状、放射状或致密状。在电气石的晶体结构中，6 个 $[SiO_4]$ 四面体彼此连接，组成六元环；其一侧，3 个（Fe,Mg)-O 八面体与六元环相连接，共用角顶；而另一侧，六元环中轴上方，为成 9 次配位的 Na(Ca) 原子，如图 3-4 所示。Na—O、Ca—O、Mg—O、Fe—O 键的强度都较小，因此，电气石易于在平行于 $[SiO_4]$ 环面处断裂。电气石矿物的颜色随成

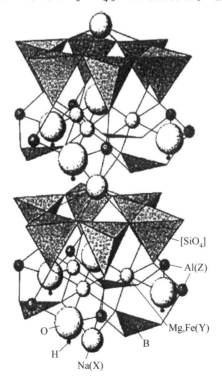

图 3-4 电气石晶体结构示意图

分不同而异，富含铁的电气石呈黑色；富含锂、锰和铯的电气石呈玫瑰色或淡蓝色；富铬的电气石呈深绿色。玻璃光泽，无解理。莫氏硬度为 7~7.5，密度 3.03~3.25 g/cm³。

3.2.4 白云母晶体结构

白云母是层状结构的硅酸盐矿物，化学式为 $KAl_2(AlSi_3O_{10})(OH)_2$，其中含 SiO_2 45.2%、含 Al_2O_3 38.5%、含 K_2O 11.8%、含 H_2O 4.5%，此外，含少量 Na、Ca、Mg、Ti、Cr、Mn、Fe 和 F 等元素。空间群 $C2/c$，晶胞参数：$a=0.0519$ nm，$b=0.0900$ nm，$c=0.2000$ nm，$Z=4$。晶体呈假六方柱状、板状或片状。集合体呈片状、鳞片状。它由两层硅氧四面体夹一层铝氧八面体组成。其中，硅氧四面体是：一个中心硅离子与 4 个氧原子配位形成，其通过角顶相连，形成平面网层结构；铝氧八面体是：铝离子与 6 个氧（3 个在上，3 个在下），如图 3-5 所示。通常，硅氧四面体与铝氧八面体结合较牢固，但是硅氧四面体中约有 1/4 的 Al^{3+} 取代 Si^{4+}，导致硅氧四面体荷负电，该负电由夹于两个硅通过最紧密堆积形成的。氧四面体层之间的正离子来平衡，导致两个硅氧四面体层之间的连接较弱，使白云母可以沿 {001} 平面完全解理，理论上白云母可以剥分成为 1.0 nm 左

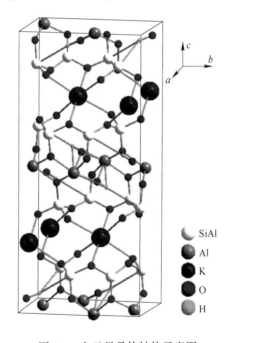

SiAl
Al
K
O
H

查看彩图

图 3-5 白云母晶体结构示意图

右的薄片。薄片无色透明，含杂质者则微具浅黄、浅绿等色；解理面显珍珠光泽。硬度 2~2.5，密度 2.77~2.88 g/cm³，{001} 解理极完全，薄片具有显著的弹性。

3.2.5 石英晶体结构

石英是有色金属选矿过程中最常见的一种矿物。石英是由 SiO_2 组成的矿物，按照热力学稳定关系，其同质多象变体主要有 α-石英、β-石英、α-鳞石英、$β_1$-鳞石英、$β_2$-鳞石英、α-方石英、柯石英、斯石英等。在这些同质多象变体中，硅离子均为四面体配位，每 1 个硅离子均被 4 个氧离子包围，构成硅氧四面体结构。这些硅氧四面体彼此之间均以四面体角顶相连形成三维结构。在上述石英的同质多象变体中，硅氧四面体在排布方式、紧密程度上均有差异，进而反映在形态和物理性质上有所不同。石英的低温变体为 α-石英，化学式为 α-SiO_2，接近于纯 SiO_2，变化范围小，一般包含液、固、气态机械混入物。α-石英晶体属于三方晶系硅氧四面体以角顶相连，晶胞参数 $a = 0.491$ nm，$c = 0.541$ nm，$Z = 3$，在 c 轴方向上呈螺旋状排布，如图 3-6 所示。石英晶体结晶习性一般为柱状，柱面上有横纹，聚形分为显晶和隐晶两类，显晶的形态有晶簇状、块状、致密状，隐晶的形态包括钟乳状、皮壳状、结核状等。纯净的 α-石英晶体一般是无色透明的，当掺杂有微量色素离子或细分散包裹体时，晶体通常呈现各种颜色。α-石英莫氏硬度为 7，密度为 2.60~2.70 g/cm³，无解理；贝壳状断口，断口呈油脂光

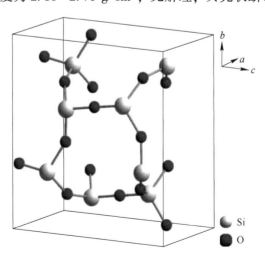

图 3-6 石英晶体结构示意图

泽，具有压电性和焦电性。当 α-石英晶体在破碎、磨矿作用下粒度变小的时候，一般沿着硅氧四面体角顶连接处断裂，暴露质点主要是氧质点。

3.3　脉石矿物对矿浆流变性的影响

3.3.1　单矿物矿浆流变性

为了研究白云母、电气石、磷灰石等脉石矿物在白钨矿浮选过程中的流变学效应，首先研究了单矿物体系中矿浆质量浓度对各矿物矿浆流变性的影响，即将各单矿物分别加入水中，制备成不同质量浓度的矿浆，然后进行流变性测量[82]。

3.3.1.1　白钨矿

不同质量浓度条件下，白钨矿矿浆剪切应力与剪切速率的关系如图 3-7 所示。从图 3-7 中可以看出，对于不同质量浓度白钨矿，其剪切应力均随剪切速率增加而增加。并且，对于不同剪切速率，剪切应力随着质量浓度增加整体呈现出增加的趋势。在剪切速率小于 75 s⁻¹时，不同质量浓度白钨矿矿浆剪切应力间差值较小；而在剪切速率大于 75 s⁻¹后，随着剪切速率的进一步增加，各质量浓度矿浆剪切应力间差值逐渐增大。此外，对比质量浓度为 20% 和 30% 时剪切应力变化曲线，可以看出，在剪切速率大于 100 s⁻¹后，两种曲线差值较小。

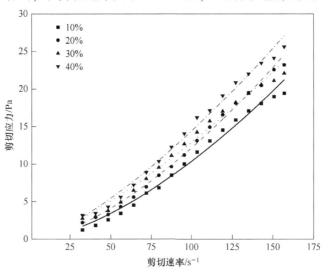

图 3-7　不同质量浓度下白钨矿矿浆剪切应力与剪切速率的关系

3.3.1.2 白云母

不同质量浓度条件下，白云母矿浆剪切应力与剪切速率的关系如图 3-8 所示。从图 3-8 中可以看出，对于不同剪切速率，剪切应力随着质量浓度增加整体呈现出增加的趋势。在低剪切速率（小于 75 s⁻¹）条件下，质量浓度为 10% 和 20% 之间剪切应力间差值较小，而与质量浓度 30% 和 40% 之间剪切应力差值较大。在剪切速率大于 75 s⁻¹ 后，随着剪切速率的增加，各质量浓度间的剪切应力差值逐渐增加，尤其是对于质量浓度为 40% 的矿浆，增加幅度最为明显。

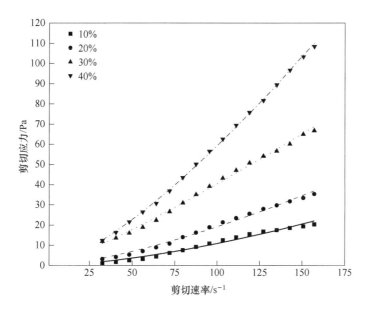

图 3-8 不同质量浓度下白云母矿浆剪切应力与剪切速率的关系

3.3.1.3 电气石

不同质量浓度条件下，电气石矿浆剪切应力与剪切速率的关系如图 3-9 所示。从图 3-9 中可以看出，在质量浓度小于 30% 时，随着剪切速率的增加，各质量浓度矿浆剪切应力逐渐增加，但剪切应力间差值变化幅度较小。而在质量浓度为 40% 时，在剪切速率小于 100 s⁻¹ 时，剪切应力与其他质量浓度矿浆剪切应力间差值变化幅度较小；而当剪切速率大于 100 s⁻¹ 后，随着剪切速率的进一步增加，其与其他质量浓度矿浆剪切应力间差值变化大幅度增加。

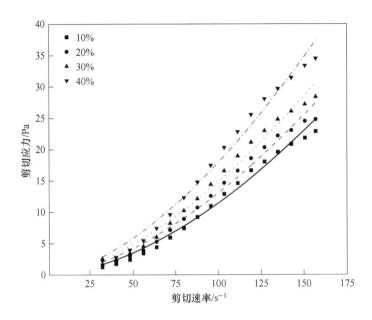

图 3-9 不同质量浓度下电气石矿浆剪切应力与剪切速率的关系

3.3.1.4 磷灰石

不同质量浓度条件下，电气石矿浆剪切应力与剪切速率的关系如图 3-10 所示。从图 3-10 中可以看出，在剪切速率小于 100 s^{-1} 时，随着剪切速率的增加，各质量浓度矿浆剪切应力间差值变化幅度较小；而在剪切率大于 100 s^{-1} 后，当质量浓度大于 10% 时，随着剪切速率增加，各矿浆剪切应力间差值变化幅度较小，而质量浓度为 10% 矿浆与其他质量浓度矿浆剪切应力间差值变化幅度则逐渐增加。

3.3.1.5 石英

不同质量浓度条件下，石英矿浆剪切应力与剪切速率的关系如图 3-11 所示。从图 3-11 中可以看出，在不同剪切速率条件下，石英矿浆剪切应力随着质量浓度增加整体呈现出增加的趋势。在剪切速率小于 100 s^{-1} 时，不同质量浓度矿浆剪切应力间差值变化幅度较小；而在剪切速率大于 100 s^{-1} 后，随着剪切速率的进一步增加，各质量浓度矿浆剪切应力间差值变化幅度逐渐增大。此外，对比质量浓度为 20% 和 30% 时剪切应力变化曲线，可以看出，在各剪切速率条件下，剪切应力间差值较小，呈现出与白钨矿矿浆相似的变化趋势。

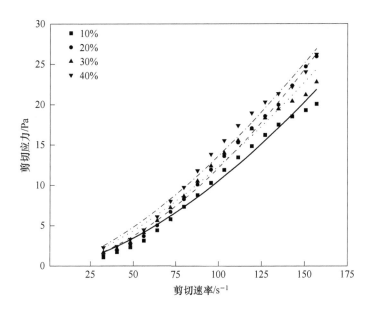

图 3-10 不同质量浓度下磷灰石矿浆剪切应力与剪切速率的关系

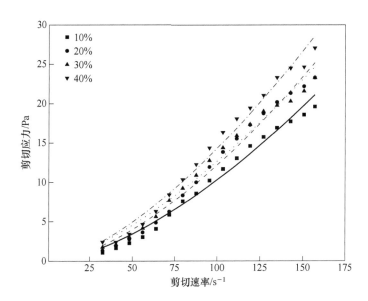

图 3-11 不同质量浓度下石英矿浆剪切应力与剪切速率的关系

综合图 3-7~图 3-11 的结果，可以看出，对于不同矿物，随着剪切速率的增加，剪切应力逐渐增加，说明在较高剪切条件下，颗粒间的相互作用被破坏，颗粒趋于分散状态，颗粒间相互作用减弱。此外，无论是在低剪切速率（小于 100 s^{-1}）还是高剪切速率（大于 100 s⁻¹）条件下，不同矿物矿浆的剪切应力随矿浆质量浓度的增加整体呈现出增加的趋势。并且，在矿浆质量浓度为 10% 时，几种矿浆剪切应力与剪切速率几乎呈线性关系，表现出牛顿流体的特征；在矿浆质量浓度大于 10% 时，表现出非牛顿流体的特征[83]。此外，矿物种类对剪切应力的影响也较大，对于不同矿物，各矿浆剪切应力随剪切速率和质量浓度的变化呈现出不同的变化趋势。对于白云母，随着剪切速率增加，各质量浓度条件下剪切应力间差值变化幅度较大，当矿浆质量浓度达到 30% 以上时，通过 Herschel-Buckley 模型拟合，此时矿浆表现为具有屈服应力的宾汉流体；对于电气石，在高质量浓度（40%）及高剪切速率（大于 100 s⁻¹）条件下，随着剪切速率进一步增加，矿浆剪切应力与其他质量浓度矿浆剪切应力间差值较大；而对于白钨矿、磷灰石、石英，随着剪切速率的增加，各矿浆剪切应力间差值变化幅度呈现出相近的变化趋势。

图 3-12 为不同矿浆质量浓度下脉石种类与表观黏度的关系。由图 3-12 可知，几种单矿物表观黏度随着矿浆质量浓度的增加而增加，这是因为随着矿物颗粒的含量增加，矿物在矿浆剪切场中内摩擦显著增大，颗粒间的相互作用显著增强，甚至可能形成了具有较大强度的三维网状结构。白钨矿、电气石、磷

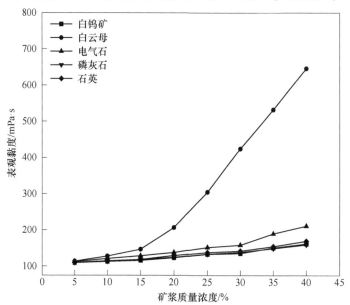

图 3-12 不同矿浆质量浓度下脉石矿物种类与表观黏度的关系

（剪切速率为 100 s⁻¹时）

灰石和石英的表观黏度在矿浆质量浓度为5%~40%范围内呈缓慢上升趋势，而白云母在矿浆质量浓度小于15%时黏度变化较为平缓，然后随着矿浆质量浓度增加呈指数型变大，远远超过其他几种矿物，这可能与其独特的鳞片状结构有关。几种类型矿浆黏度的涨幅顺序为：白云母>电气石>白钨矿/磷灰石/石英。

3.3.2　人工混合矿矿浆流变性

　　石英是一种物理性质和化学性质均十分稳定的硅酸盐矿物，具有简单的结构形态及表面电荷分布，对矿浆流变性影响较弱，常与其他矿物进行比较。因此，以去离子水为介质，研究了白云母、电气石、磷灰石分别对白钨矿与石英人工混合矿矿浆流变性的影响，在总固体质量不变的情况下，白钨矿与石英混合矿矿浆剪切应力、表观黏度随剪切速率与各脉石矿物质量浓度的变化关系如图3-13~图3-16所示。

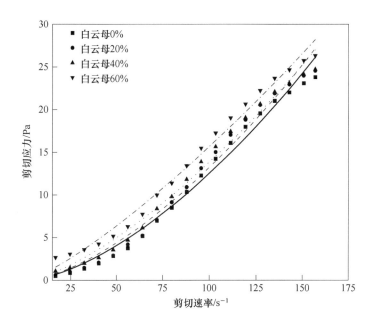

图 3-13　不同白云母质量浓度下混合矿矿浆剪切速率与剪切应力的关系

　　从图3-13~图3-16结果可知，除石英外，对于其他脉石矿物，在质量浓度为0%~60%范围内，3种人工混合矿矿浆都表现出非牛顿流体特征。随着电气石和磷灰石质量浓度的增加，矿浆的表观黏度和剪切应力呈缓慢上升的趋势，两者对

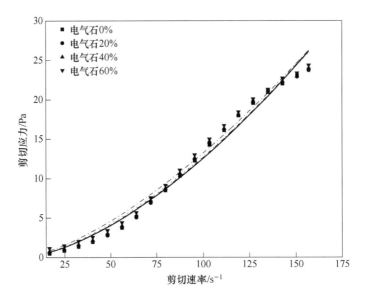

图 3-14 不同电气石质量浓度下混合矿矿浆剪切速率与剪切应力的关系

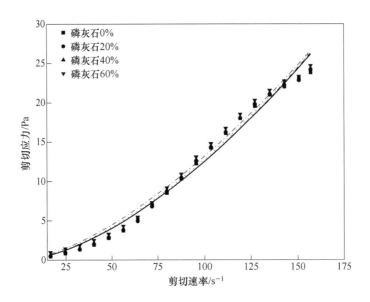

图 3-15 不同磷灰石质量浓度下混合矿矿浆剪切速率与剪切应力的关系

矿浆黏度的影响相似，白云母质量浓度的增加对矿浆黏度和剪切应力影响最大，由 133.1 mPa·s 迅速增长到 160.5 mPa·s，是其他脉石矿物黏度涨幅的 4~5 倍。

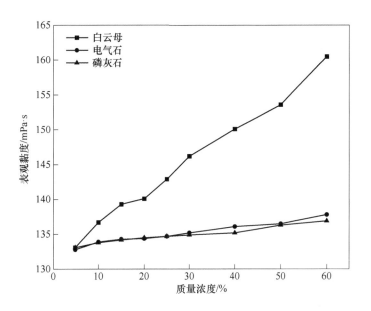

图 3-16 不同脉石质量浓度下矿物种类与表观黏度的关系

(剪切速率为 100 s⁻¹时)

此外，相对于同一矿浆浓度下单一矿物的黏度，人工混合矿矿浆黏度有了明显的下降，这或许与矿物表面电性或表面形态差异有关。

层状硅酸盐矿物颗粒的整体流变特性取决于沉降过程中的颗粒团聚结构情况。根据 Luckham 和 Rossi 的研究[84]，层状矿物的颗粒团聚主要有三种结构：层面-层面结构，端面-层面结构，端面-端面结构。层面-层面结构会形成层状结构的聚团，这种结构会减少有效的凝胶结构单元，也会减少颗粒之间相互作用的有效表面积，因此会降低悬浮液的凝胶强度。端面-层面和端面-端面结构会形成大量的三维立体结构，使其流变性更为复杂。例如蛇纹石与滑石在矿物悬浮液中以端面与层面结构沉降，导致矿浆黏度变大[85-86]。因此推测白云母在矿浆中形成端面-层面和端面-端面结合的三维网状结构，而电气石、磷灰石在矿浆中仅为简单的堆砌型结构，随着质量浓度的增加，矿浆黏度略有增大。

3.4 矿浆流变性对白钨矿浮选指标的影响

在自然 pH 值（pH=7），油酸钠用量为 100 mg/L 的条件下，添加不同含量白云母、电气石、磷灰石的情况下对白钨矿与石英人工混合矿进行浮选试验，以研究不同质量浓度脉石矿物的矿浆流变性对白钨矿浮选指标的影响。

由图 3-17 可知，在白云母含量（质量分数）小于 40% 时，白钨矿浮选精矿品位和回收率均随着白云母质量浓度增加而逐渐增加，而当白云母含量（质量分

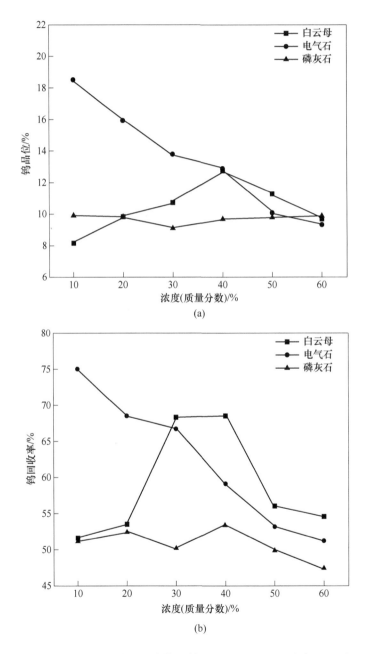

图 3-17 脉石矿物质量浓度对白钨矿精矿品位（a）和回收率（b）的影响

数）达到 40% 后，随着白云母质量浓度的增加，白钨矿精矿的品位和回收率均呈现下降趋势。这是因为随着白云母质量浓度增大，矿浆的黏度也不断增加，导致浮选泡沫层厚度增加，使得"二次富集"作用明显提高[87]。而当黏度增大到一定程度时，较高的矿浆黏度会抑制气泡和颗粒之间的碰撞及气泡-颗粒聚集体的流动性，从而进一步减少了浮选时产生的泡沫量，导致浮选精矿品位和回收率降低。

对于电气石，随着电气石质量浓度的不断增大，白钨矿精矿的回收率和品位均呈下降的趋势，结合图 3-16 的研究结果，可以看出除了白云母，其他脉石矿物对人工混合矿的矿浆黏度影响很小，因此可以说明加入电气石后，矿浆流变性不是影响浮选指标的主要原因。根据文献［88］可知，电气石在水中会溶解出部分 Fe^{3+}、Mg^{2+}、Ca^{2+} 等金属阳离子，而在白钨矿的浮选过程中，这几种金属阳离子均会对白钨矿的浮选产生抑制作用，Ca^{2+} 和 Mg^{2+} 主要以带正电荷的 $CaOH^+$、$MgOH^+$ 形式吸附在白钨矿表面，Fe^{3+} 主要以亲水性较强的 $Fe(OH)_3(s)$ 吸附在白钨矿表面，不利于捕收剂的吸附[89]。此外，在油酸钠浮选体系中，电气石表面暴露出部分不溶的 Fe^{3+}、Mg^{2+}、Al^{3+} 会与油酸根离子反应，削弱捕收剂在矿物表面的吸附，不利于白钨矿浮选回收[90]。

对于磷灰石，随着磷灰石质量浓度的增加，白钨矿精矿的品位和回收率基本没有变化。这是因为白钨矿和磷灰石都属于含钙盐类矿物，表面性质接近。研究表明[91]，磷灰石溶解出的 PO_4^{3-} 在白钨矿表面的吸附会导致矿物的表面转化，使得白钨矿和磷灰石表面性质相近，二者难以分离；其次少量磷灰石的添加会恶化白钨矿的浮选，磷灰石质量浓度为 0% 时，钨精矿品位和回收率分别为 18.52% 和 80.52%；当磷灰石质量浓度为 10% 时，钨精矿品位和回收率迅速下降到 9.91% 和 51.16%。Zhong 等人[92]在不添加任何抑制剂的条件下，用油酸钠捕收白钨矿与磷灰石的人工混合矿（质量比为 1∶1），钨品位仅为 41.55%，说明此时白钨矿浮选已被严重恶化。因此继续添加磷灰石对钨精矿的浮选指标影响不大。

总体而言，白云母主要通过改变矿浆的表观黏度来影响白钨矿的浮选指标，而电气石和磷灰石主要是其矿物表面性质和溶解组分的差异，导致浮选结果的不同。

3.5　浮选泡沫稳定性分析

在浮选过程中，矿浆的流变特性也会影响泡沫性能，泡沫结构和稳定性在决定矿物浮选回收率和选择性方面起着关键作用[93-94]。因此，在添加白云母、电气石、磷灰石的情况下对白钨矿与石英人工混合矿进行泡沫稳定性测量，其中，泡沫稳定性主要以泡沫半衰期和泡沫最大高度表征。结果如图3-18所示。

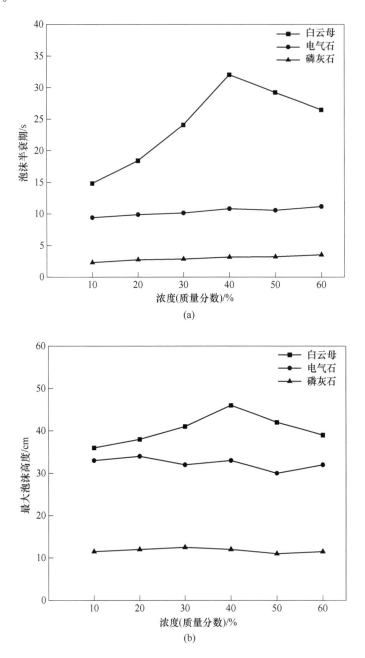

(a)

(b)

图 3-18 不同脉石矿物对泡沫半衰期（a）和最大泡沫高度（b）的影响

由图 3-18 可知，含有电气石和磷灰石的人工混合矿的泡沫稳定性几乎不受其质量浓度的影响，其泡沫半衰期分别在 10.33 s 和 2.98 s 左右，泡沫最大高度分别在 32.33 cm 和 11.75 cm 左右。而随着白云母质量浓度的增加，其泡沫半衰期和最大泡沫高度在 40% 时达到最大，分别为 32.02 s 和 46 cm，然后逐渐减小到 26.47 s 和 39 cm。

针对泡沫稳定存在时的气泡结构模型，比利时物理学家 Plateau 从几何拓扑的角度，阐明了泡沫结构的平衡条件，提出了 Plateau 泡沫结构平衡法则，其结构要素包括液膜、Plateau 边界和节点。泡沫物理学研究表明，液膜中含水量极少，泡沫中绝大部分液体赋存于 Plateau 边界和节点处。Plateau 边界流体微元受力示意图如图 3-19 所示。

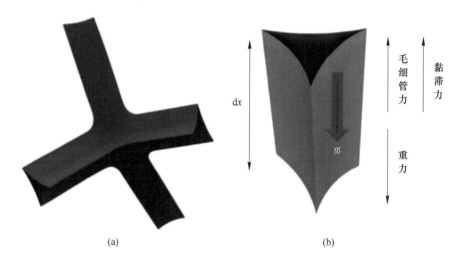

(a) (b)

图 3-19 Plateau 边界流体微元受力示意图

(a) Plateau 边界；(b) 流体微元受力图

x—Plateau 边界流体微元长度

图 3-19 中流体微受力如下：

（1）重力：

$$G = \rho g \tag{3-1}$$

式中，G 为流体微元重力；ρ 为矿浆密度；g 为重力加速度。

（2）毛细管力：

$$F_c = \frac{\partial p_L}{\partial x} \tag{3-2}$$

式中，F_c 为毛细管力；p_L 为通道内的液体压力。

（3）矿浆黏滞力：

$$F_V = -\frac{f\mu u}{A} \tag{3-3}$$

式中，μ 为矿浆黏度；u 为流体微元的平均速度；A 为 Plateau 通道的横截面积；f 为与 Plateau 边界形状有关的参数。

由 Laplace 方程可知：

$$p_L = p_g + \frac{2\gamma}{r_p} \tag{3-4}$$

式中，p_g 为气泡内的压力；γ 为液体表面张力；r_p 为 Plateau 边界的曲率半径。Plateau 通道横截面示意图如图 3-20 所示。假设曲率半径 r_p 和 Plateau 通道横截面的外接三角形边长相等，通过计算可得到 Plateau 通道横截面积为：

$$A = \left(\sqrt{3} - \frac{\pi}{2} \right) r_p^2 \tag{3-5}$$

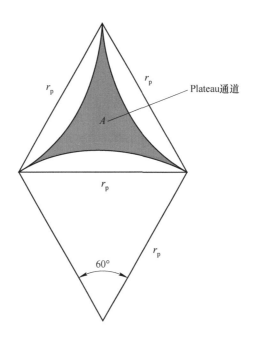

图 3-20　Plateau 通道横截面示意图

将式 (3-4) 和式 (3-5) 代入式 (3-2)，可以得到毛细管力 F_c 计算公式为

$$F_c = \frac{0.4015\gamma}{A\sqrt{A}}\frac{\partial A}{\partial x} \tag{3-6}$$

当泡沫稳定存在时，流体微元受力近似平衡，此时 3 种作用力存在如下关系：

$$G + F_c + F_V = \rho g + \frac{0.4015\gamma}{A\sqrt{A}}\frac{\partial A}{\partial x} - \frac{f\mu u}{A} = 0 \tag{3-7}$$

因此，可以得到 Plateau 边界内流体微元的平均流速计算式如下：

$$u = \frac{1}{f\mu}\left(\rho g A + \frac{0.4015\gamma}{\sqrt{A}}\frac{\partial A}{\partial x}\right) \tag{3-8}$$

依据上述流体微元的平均流速表达式可以分析泡沫排液过程的快慢程度，从而得知泡沫的稳定程度。根据 Plateau 边界效应可知，泡沫稳定性主要与气泡兼并、泡沫排液等过程有关[95]。由式（3-8）可知：液体表面张力 γ 越小，流体微元平均流动速度 u 越小，表明泡沫 Plateau 通道内排液速度越缓慢，因此，泡沫层越稳定；矿浆的表观黏度越大，气泡表面液体的黏度也就越大，则流体微元的平均流速越小，从而导致泡沫 Plateau 通道内排液速度变慢，泡沫层厚度变大，"二次富集"作用增强，使得精矿品位提高。而当黏度增大到一定程度时，泡沫难以生成，浮选泡沫层较薄，气泡在上浮过程中的兼并现象很难发生，且在刮出过程中容易将矿浆带入精矿中，使得精矿品位降低。

因此，白钨矿-白云母-石英的人工混合矿浮选体系中泡沫稳定性先随着白云母质量浓度的增加而增加，而后降低。白钨矿-电气石-石英和白钨矿-磷灰石-石英人工混合矿浮选体系中泡沫稳定性没有变化。

4 矿浆流变性的调控对白钨矿与脉石矿物浮选分离影响机制

本章采用物理方法和化学方法来研究矿浆流变性对白钨矿与白云母、电气石、磷灰石浮选分离的影响，物理方法主要包括超声分散和机械搅拌，化学方法则主要通过添加化学试剂以改变颗粒表面性质或产生空间位阻效应。针对矿浆的流变性与其浮选行为之间的关联性，通过调节矿物矿浆的流变性，改变矿浆的结构，可为解决白钨矿与脉石矿物的高效分选提供理论依据。

4.1 分散剂对矿浆流变性及浮选的影响

硅酸钠和六偏磷酸钠具有较好的分散作用，通过加入分散剂，可以增强矿物颗粒间的分散效果，使得矿浆黏度及屈服应力显著降低。本节研究了硅酸钠和六偏磷酸钠对矿浆流变性及浮选的影响。

4.1.1 硅酸钠对矿浆流变性及浮选的影响

4.1.1.1 硅酸钠对矿物可浮性的影响

在自然 pH 值（pH=7）、油酸钠用量为 100 mg/L 的条件下，考察添加不同用量硅酸钠时，单矿物的浮选行为。

由图 4-1 可知，白钨矿与磷灰石可浮性相似，硅酸钠用量低于 200 mg/L 时，白钨矿与磷灰石回收率下降不明显，此时回收率分别为 70.88% 和 72.50%；硅酸钠用量高于 200 mg/L 后，回收率下降显著，在 500 mg/L 达到 40.42% 和 38.50%。电气石受硅酸钠影响明显，随着硅酸钠用量的增加，电气石回收率迅速下降，当硅酸钠用量达到 500 mg/L 时，电气石回收率仅为 10%。白云母和石英在整个范围内完全被抑制，回收率都在 10% 以下。

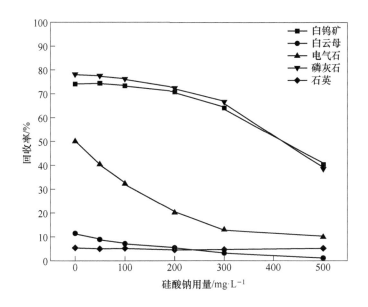

图 4-1 硅酸钠用量对矿物可浮性的影响

4.1.1.2 硅酸钠对矿浆流变性的影响

在自然 pH 值、油酸钠用量为 100 mg/L 的条件下，考察添加不同用量硅酸钠对单矿物矿浆黏度的影响。

由图 4-2 可知，在硅酸钠用量为小于 500 mg/L 时，几种单矿物的表观黏度随着用量的增加而降低，其分散作用是由于硅酸离子和 H^+、OH^- 为石英及硅酸盐矿物的定位离子，硅酸钠可以强烈地增强石英及硅酸盐矿物的负电位，使带有相同电荷的离子互相排斥，处于稳定的分散状态[96]。当硅酸钠用量大于 500 mg/L 时，表观黏度随之增加，这是因为硅酸钠的用量过多，电离出的离子就会剩余在矿浆中，过量的离子会压缩双电层，使矿物表面电位绝对值降低，从而降低了静电排斥产生的稳定作用。这会影响矿浆的稳定性，悬浮液的黏度也有所回升，可能造成团聚[97]。

4.1.1.3 硅酸钠对人工混合矿分选的影响

考察了常规条件和硅酸钠调浆处理条件下对 3 种人工混合矿浮选及黏度的影响。试验条件：自然 pH 值条件下，油酸钠用量为 100 mg/L，硅酸钠用量为 200 mg/L。试验结果见表 4-1。

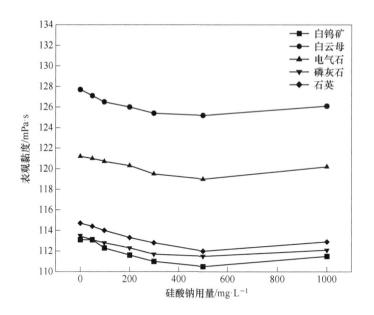

图 4-2 硅酸钠用量对矿浆流变性的影响

表 4-1 硅酸钠调浆处理后对人工混合矿浮选的影响

人工混合矿	未调浆处理			硅酸钠调浆处理		
	表观黏度/mPa·s	WO₃品位/%	WO₃回收率/%	表观黏度/mPa·s	WO₃品位/%	WO₃回收率/%
白钨矿:白云母:石英=1:3:6	146.2	10.73	68.33	144.3	11.25	73.58
白钨矿:电气石:石英=1:3:6	135.2	13.79	66.73	134.3	19.11	67.45
白钨矿:磷灰石:石英=1:3:6	134.9	9.10	50.19	133.1	9.44	48.94

由表 4-1 可知, 经过硅酸钠调浆处理后的 3 种人工混合矿的矿浆黏度均比未处理的低, 同时在白钨矿-白云母-石英人工混合矿体系中, 调浆处理后的 WO_3 品位基本没有变化, 而 WO_3 回收率有所升高。由单矿物试验可知, 硅酸钠的加入对白云母及石英的回收率影响不大, 因此浮选指标的变化主要是硅酸钠的分散性起到了作用, 使得矿物颗粒间的分散性增强, 降低了矿浆的黏度。

在白钨矿-电气石-石英人工混合矿体系中, 调浆处理后的 WO_3 品位比处理前的略有增高，但 WO_3 回收率变化不大。结合单矿物试验，硅酸钠的加入虽然也降低了矿浆的黏度，但主要原因是其抑制了电气石，使得 WO_3 品位增大。

在白钨矿-磷灰石-石英人工混合矿体系中，调浆处理后的 WO_3 的品位和回收率与未处理的相差不大。主要原因是油酸钠条件下硅酸钠对白钨矿与磷灰石的抑制性相似。

4.1.2 六偏磷酸钠对矿浆流变性及浮选的影响

4.1.2.1 六偏磷酸钠对矿物可浮性的影响

在自然 pH 值、油酸钠用量为 100 mg/L 的条件下，考察不同六偏磷酸钠用量条件下单矿物的浮选行为，试验结果如图 4-3 所示。

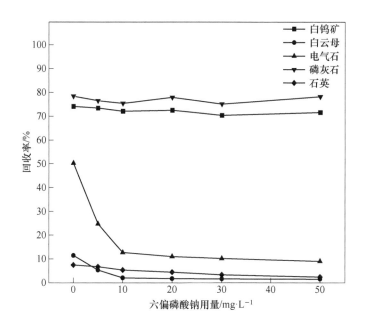

图 4-3 六偏磷酸钠用量对矿物可浮性的影响

由图 4-3 可知，白钨矿和磷灰石可浮性相似，六偏磷酸钠用量的增加对白钨矿和磷灰石的回收率基本没有影响，六偏磷酸钠并不能抑制磷灰石。电气石受六偏磷酸钠影响明显，随着六偏磷酸钠用量增加回收率迅速下降，在用量为 10 mg/L 时，回收率为 12.75%，当六偏磷酸钠用量大于 10 mg/L 时，回收率缓慢下降。白云母和石英在整个范围内完全被抑制，回收率都在 10% 以下。

4.1.2.2 六偏磷酸钠对矿浆流变性的影响

在自然 pH 值、油酸钠用量为 100 mg/L 的条件下，考察了六偏磷酸钠用量对单矿物矿浆黏度的影响。

由图 4-4 可知，在六偏磷酸钠用量为 0~20 mg/L 时，几种单矿物矿浆的表观黏度随着用量的增加而缓慢降低；当六偏磷酸钠用量在 20~50 mg/L 时，矿浆的表观黏度下降幅度变大；当六偏磷酸钠用量大于 50 mg/L 时，矿浆黏度又缓慢下降。根据文献可知，六偏磷酸钠的分散机理主要有 3 个[98]：（1）由于六偏磷酸钠在矿物表面上的吸附，大大地增加了矿物表面的负电性，从而增强粒子间的静电排斥力；（2）六偏磷酸钠在矿物表面吸附后，在表面形成亲水薄膜，阻碍矿物颗粒之间的聚集；（3）六偏磷酸钠分子是一个长链高分子，当吸附了六偏磷酸钠的矿物颗粒互相靠近到相互间距离小于吸附层厚度的两倍时，两个吸附层之间产生相互排斥的作用，即空间位阻效应将阻碍颗粒间的互相聚集，实现颗粒之间的有效分散。

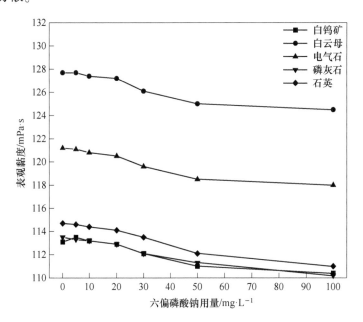

图 4-4 六偏磷酸钠用量对矿浆流变性的影响

结合对浮选的影响规律，在六偏磷酸钠用量较低时，回收率的变化主要由于其抑制效果起到了作用；当六偏磷酸钠用量较大时，其分散效果显著增强，起到了主导作用。

4.1.2.3 六偏磷酸钠对人工混合矿分选的影响

考察了常规条件和六偏磷酸钠调浆处理条件下对 3 种人工混合矿浮选及黏度的影响。试验条件：自然 pH 值条件下，油酸钠用量为 100 mg/L，六偏磷酸钠用量为 30 mg/L，试验结果见表 4-2。

表 4-2　六偏磷酸钠调浆处理后对人工混合矿浮选的影响

人工混合矿	未调浆处理			六偏磷酸钠调浆处理		
	表观黏度 /mPa·s	WO$_3$品位 /%	WO$_3$回收率 /%	表观黏度 /mPa·s	WO$_3$品位 /%	WO$_3$回收率 /%
白钨矿：白云母：石英 = 1：3：6	146.2	10.73	68.33	143.5	11.16	75.65
白钨矿：电气石：石英 = 1：3：6	135.2	13.79	66.73	133.1	12.22	60.58
白钨矿：磷灰石：石英 = 1：3：6	134.9	9.10	50.19	132.7	8.57	40.24

由表 4-2 可知，经过六偏磷酸钠调浆处理后的 3 种人工混合矿的矿浆黏度均比未处理的低，同时 3 种人工混合矿的 WO$_3$ 品位基本没有变化。但在白钨矿-白云母-石英人工混合矿体系中，调浆处理后的 WO$_3$ 回收率有所升高，由单矿物试验可知，六偏磷酸钠的加入对白云母及石英的回收率影响不大，因此可以推测浮选指标的变化主要是六偏磷酸钠的分散性起到了作用，优化了浮选。而其他两种人工混合矿的 WO$_3$ 回收率都显著降低，这是因为电气石和磷灰石在矿浆中会溶解出 Ca^{2+}，Ca^{2+} 会强化六偏磷酸钠对白钨矿的抑制作用，导致回收率降低[99]。

4.1.3　矿物表面电位分析

矿浆中颗粒与颗粒、颗粒与气泡之间的行为取决于二者之间的相互作用力，因此通过测量矿物的表面电位来分析矿物颗粒在矿浆中的分散、聚集关系。

根据 DLVO 理论，矿物的表面电荷特性决定了控制矿浆中颗粒聚集或分散程度的吸引力和排斥力。图 4-5 和图 4-6 为自然 pH 值条件下不同硅酸钠和六偏磷酸钠浓度对矿物表面电位的影响，由图 4-5 可知，在硅酸钠用量为 100 mg/L 时，随着分散剂的浓度增大，几种单矿物的矿物表面电位均呈下降趋势，矿物颗粒表面的负电性增强，而当硅酸钠的用量过多，电离出的离子就会剩余在矿浆中，过量的离子会压缩双电层，使矿物表面电位绝对值降低[100]。经典的 DLVO 理论认为悬浮液中胶体或颗粒间相互作用力取决于范德华引力和双电层静电排斥力之和。经药剂作用后，矿物表面电位均发生负移，负电性增强，矿物颗粒之间存在静电排斥作用，矿浆分散越稳定，且六偏磷酸钠的分散性比硅酸钠强。

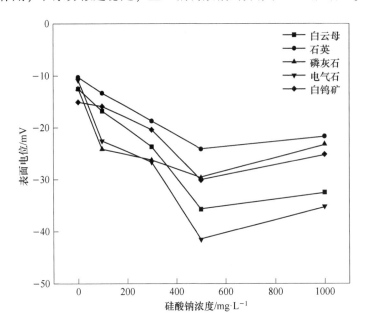

图 4-5 不同硅酸钠浓度作用后单矿物表面电位

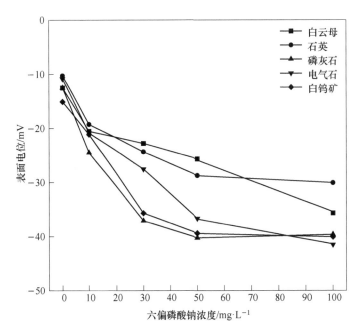

图 4-6 不同六偏磷酸钠浓度作用后单矿物表面电位

试验结果表明，通过添加分散剂，增大了油酸钠体系中矿物颗粒的表面电负性，增强了矿物颗粒间的双电层静电作用力，进而提升了颗粒间的相互斥力，使体系内矿物颗粒分散程度更高，从而降低了矿浆体系的黏度，优化了流变性能，进而可以改善白钨矿与脉石矿物的浮选分离。

4.2 搅拌速率对矿浆流变性及浮选的影响

在矿物浮选过程中，浮选机内部矿浆是由矿物颗粒、水、气泡、药剂等组成的复杂多相三维混合流场，其流场特性分布直接影响浮选技术指标。在选矿生产实践中，浮选机转子搅拌速率对浮选机内部流场分布特性有直接影响，合理的搅拌速率有助于矿物颗粒的充分分散和气泡的弥散，在增强气泡和矿物颗粒接触碰撞概率的同时而不对已经形成的稳定的矿化气泡造成二次破坏[101]。因此本节考察搅拌速率对矿物浮选及流变特性的影响。

4.2.1 搅拌速率对矿物可浮性的影响

在自然 pH 值、油酸钠为 100 mg/L 的条件下，研究了搅拌速率对 5 种单矿物可浮性的影响。

由图 4-7 可知，随着搅拌速率的增加，几种矿物的回收率都有所升高。对于白钨矿、磷灰石和电气石等可浮性较好的矿物，搅拌速率在 1400~1800 r/min 范围内，回收率快速上升；当搅拌速率大于 1800 r/min 时，回收率缓慢上升。而对于白云母、石英等可浮性较差的矿物，搅拌速率在 1400~1800 r/min 范围内，回收率缓慢上升；当搅拌速率大于 1800 r/min 时，回收率快速增加。试验结果表明，当搅拌速率足够大时，理论上矿物的回收率可以达到 100%，但在实际浮选中，搅拌速率的增加可提供较高剪切强度的搅拌能，能促进矿粒悬浮及矿粒和气泡在槽内均匀分布，防止矿物颗粒的沉淀，增加矿粒和气泡的碰撞概率，使得回收率增加，但当搅拌速率增加到一定程度时，一方面会促进气泡兼并，降低气泡矿化概率，影响分选的选择性，造成精矿质量差；另一方面会导致矿粒从气泡上脱落概率增加，难以形成稳定泡沫层，导致浮选结果变差[102]。

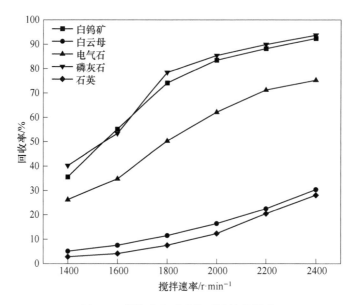

图 4-7 搅拌速率对矿物可浮性的影响

4.2.2 搅拌速率对矿浆流变性的影响

在自然 pH 值条件下，考察了搅拌速率对 5 种矿物浮选矿浆流变性的影响，结果如图 4-8 所示。

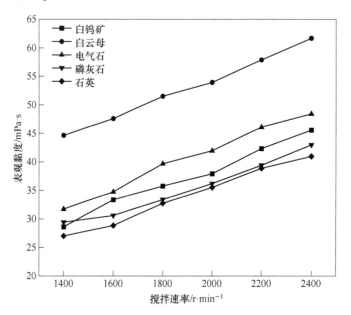

图 4-8 搅拌速率对矿浆流变性的影响

由图 4-8 可知，随着搅拌速率的增加，几种单矿物矿浆的表观黏度都在不断增加。这是因为搅拌过程中，矿物颗粒保持着一定的运动速度，当搅拌速率增加时，颗粒运动速度也在增加，使得矿物颗粒间的碰撞概率增加，从而提高矿浆在搅拌过程中的内摩擦，甚至可能使矿物颗粒形成一定的絮团结构，导致矿浆黏度增大。

4.2.3 搅拌速率对人工混合矿分选的影响

在自然 pH 值、油酸钠用量为 100 mg/L 的条件下，进行了不同搅拌速率下对 3 种人工混合矿浮选的影响，试验结果见表 4-3。

表 4-3 搅拌速率对人工混合矿浮选的影响

搅拌速率 /r·min⁻¹	白钨矿：白云母：石英= 1：3：6			白钨矿：电气石：石英= 1：3：6			白钨矿：磷灰石：石英= 1：3：6		
	表观黏度 /mPa·s	品位 /%	回收率 /%	表观黏度 /mPa·s	品位 /%	回收率 /%	表观黏度 /mPa·s	品位 /%	回收率 /%
1400	39.97	14.54	63.54	34.97	17.24	58.94	32.37	8.65	41.51
1600	41.01	13.18	66.17	36.92	14.98	62.25	34.46	9.67	48.65
1800	43.44	10.73	68.33	39.50	13.79	66.73	40.40	9.10	50.19
2000	45.59	9.65	65.33	43.68	13.01	68.25	42.51	10.01	55.53
2200	49.44	8.91	62.85	48.20	11.15	60.14	46.67	8.91	46.16

由表 4-3 可知，随着搅拌速率的不断增加，3 种混合矿矿浆的表观黏度也在不断增加，此外精矿的产率也随之增加，但 WO_3 品位不断下降。由此可知，搅拌速率的增加虽然可以提高浮选回收率，但并无选择性，因此在浮选过程中，随着搅拌速率的增加，脉石矿物也越容易进入精矿中。而 WO_3 回收率随着搅拌速率的增加先升高而后降低，白钨矿-白云母-石英混合矿体系在搅拌速率为 1800 r/min 具有较好的回收率，白钨矿-电气石-石英和白钨矿-磷灰石-石英在搅拌速率为 2000 r/min 具有较好的回收率。

4.3　超声预处理对矿浆流变性及浮选的影响

超声波可提高浮选过程的效率和选择性, 国内外诸多学者研究了超声对浮选的影响, 如去除矿物中吸附层的试剂, 乳化浮选试剂, 加速浮选药剂的溶解与扩散; 脱除矿物表面的氧化膜, 增加矿物表面活化; 脱泥, 降低药剂消耗[103]。本节研究了在超声预处理矿浆的条件下, 白钨矿与脉石矿物的可浮性在浮选体系中发生的变化, 以及对矿浆流变性的影响, 看能否提高白钨矿与脉石矿物的分选指标。

4.3.1　超声预处理对矿物可浮性的影响

在自然 pH 值、油酸钠用量为 100 mg/L 的条件下, 研究了超声预处理时间及功率对矿物可浮性的影响, 结果如图 4-9 和图 4-10 所示。

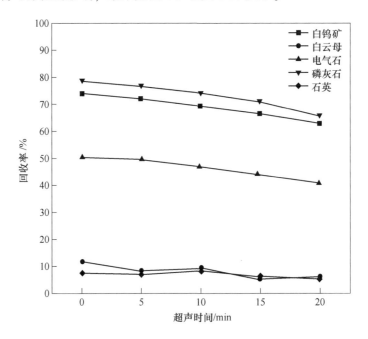

图 4-9　超声预处理时间对矿物可浮性的影响

由图 4-9 和图 4-10 可知, 随着超声预处理时间和功率的增加, 白云母、石英等可浮性较差的矿物回收率基本都在 10% 以下, 而白钨矿、电气石、磷灰石等可浮性较好的矿物回收率不断下降, 且超声时间对矿物可浮性的影响比较显著。

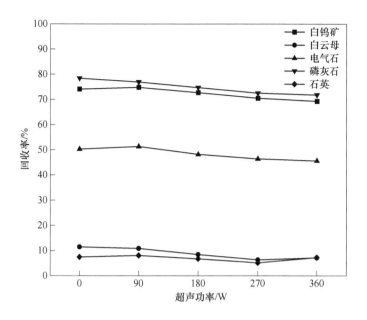

图 4-10 超声预处理功率对矿物可浮性的影响

从矿物颗粒特性方面来看，由于超声波在矿浆中的空化效应，使得矿浆中产生高强度的剪切力，形成高频交变水压，使腔体膨胀爆炸，粉碎矿石。同时，超声波在矿浆中的剧烈扰动，使矿物颗粒产生较大的加速度，使它们相互碰撞或与装置壁碰撞而破碎，从而导致矿浆中细粒矿物增加，使得矿物的可浮性降低。

从矿物表面性质来看，在超声波场强下，由于会发生"空化作用"，使溶液组分、状态、功能或结构改变。因此超声作用能使矿浆中形成 H^+ 和 OH^-，与水和矿物作用，促使矿浆的 pH 值、溶解氧含量等性质的改变，超声波对矿物表面的剥蚀作用使部分离子进入溶液，矿浆溶液中有水分子和矿物各组分，在超声波场强作用下，矿浆溶液中的水分子会解离，同时还有矿物组分离子增加，即矿物的溶解度增加，而有大量的研究表面，钙离子浓度的增加会降低矿物表面的电性，从而降低矿物的可浮性[104]。

4.3.2 超声预处理对矿浆流变性的影响

在自然 pH 值条件下，研究了超声预处理时间及功率对矿浆流变性的影响，为了实际测量的便捷性，样品容器改为 100 mL 的烧杯，浓度保持不变。

由图 4-11 和图 4-12 可知，随着超声预处理时间和功率的增加，几种矿浆黏

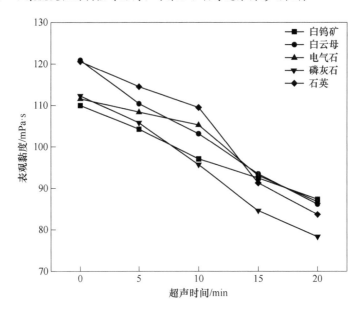

图 4-11 超声预处理时间对矿浆流变性的影响

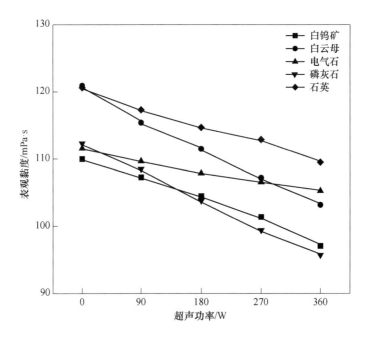

图 4-12 超声预处理功率对矿浆流变性的影响

度都在不断下降，说明超声作用可以使矿浆中的颗粒达到分散的效果。研究表明，超声作用可以引起矿浆中矿物颗粒产生极大的速度与加速度，加剧了矿物颗粒分子的运动，增加了分子链的能量，同时增强了分子链的活动性，从而减弱了分子链之间的相互作用，降低了对流动产生的黏性阻力，单个分子链的运动自由度和运动能量增加，使超声作用下矿浆分子链的构象发生了改变[105]。因此可以推测，由于超声波的能量输入，改变或破坏了矿浆的结构，破坏了矿物在矿浆中形成的网状结构，从而使矿浆黏度降低。

4.3.3 超声预处理对人工混合矿分选的影响

考察了常规条件和超声波预处理矿浆的条件下对 3 种不同比例的人工混合矿浮选的影响。常规试验条件：自然 pH 值条件下，油酸钠用量为 100 mg/L。超声波预处理条件：功率 180 W，预处理时间 10 min，试验结果见表 4-4。

表 4-4 超声预处理对人工混合矿浮选的影响

人工混合矿	未处理			超声预处理		
	表观黏度 /mPa·s	WO_3品位 /%	WO_3回收率 /%	表观黏度 /mPa·s	WO_3品位 /%	WO_3回收率 /%
白钨矿∶白云母∶石英＝1∶3∶6	146.2	10.73	68.33	138.6	10.15	73.44
白钨矿∶电气石∶石英＝1∶3∶6	135.2	13.79	66.73	126.5	12.14	63.78
白钨矿∶磷灰石∶石英＝1∶3∶6	134.9	9.10	50.19	121.4	9.05	45.69

由表 4-4 可知，经过超声预处理后的 3 种人工混合矿的矿浆黏度比未处理的明显降低，同时在超声预处理矿浆条件下，白钨矿-白云母-石英混合矿的矿浆结构被破坏，回收率升高。此外，3 种混合矿的 WO_3 品位都降低，这是因为超声预处理使得矿浆中的细颗粒增多，矿物的可浮性下降，同时细粒的脉石矿物容易夹带进入精矿。

4.3.4 矿物表面润湿性分析

在不加捕收剂的条件下，测量了超声预处理矿浆前后矿物的接触角，结果见表 4-5。

表 4-5 超声预处理对单矿物接触角的影响

矿物类型	接触角/(°)	
	未处理	超声预处理
白钨矿	58.84	54.66
磷灰石	63.43	60.34
电气石	61.55	59.11
白云母	42.64	36.15
石英	32.74	28.66

由表 4-5 可知，超声预处理后几种矿物的接触角都变小，这是因为超声波的微射流可以对矿物表面产生较为严重的溶蚀，导致矿物表面不平整，同时空化作用使得矿物颗粒被破碎，细颗粒增多，矿物的比表面积增大，矿物可浮性下降，接触角变小，试验结果符合上述浮选试验。

5 实际矿石浮选体系中
矿浆流变性的调控措施

调控矿浆流变性的主要参数包括矿粒粒度、药剂种类、矿浆浓度、外加力场等。这些参数对浮选过程中的气泡生成、矿物颗粒聚集和沉降等都有显著影响。因此，本章基于第 3 章和第 4 章中关于矿浆性质与矿浆流变性的相关性及矿浆流变性对白钨矿与脉石分离的影响的研究结果，结合工艺矿物学分析结果，以调控矿浆流变性为出发点，针对湖南某选矿厂白钨矿实际矿石的粗选过程开展技术研究，进行了实际矿石浮选体系的流变性调控。

5.1 原矿工艺矿物学分析

5.1.1 MLA 测试样品制备

缩取代表性固体矿样，通过筛分和水析获得 4 个粒级产品：+100 μm，−100+40 μm，−40+20 μm，−20 μm，烘干后分别用环氧树脂进行两次冷镶，制成直径 30 mm 的光片，经研磨抛光后进行 MLA 测试。样品制备情况见表 5-1。

表 5-1 MLA 测试样品制备结果

粒级/μm	质量/g	产率/%
+100	58.66	38.48
−100+40	28.53	18.71
−40+20	28.49	18.68
−20	36.80	24.13
原矿	152.48	100.00

5.1.2 化学组成

MLA 测试样品的化学组成结果见表 5-2。

表 5-2 样品化学组成

元素	WO_3	SiO_2	Al_2O_3	Fe_2O_3	K_2O	MgO	Na_2O	CaF_2	MnO
质量分数/%	0.068	72.79	11.99	6.16	3.15	1.78	0.27	0.37	0.10
元素	TiO_2	BaO	P_2O_5	ZrO_2	CaO	As_2O_3	S	Cu	V_2O_5
质量分数/%	0.57	0.01	0.07	0.01	0.23	0.05	0.42	0.01	0.01

5.1.3 矿物组成

样品中钨矿物以白钨矿为主，其次为黑钨矿；金属硫化物以黄铁矿为主，含极少量磁黄铁矿、毒砂、黄铜矿；含少量褐铁矿，部分褐铁矿含钨。脉石矿物主要有石英、白云母、电气石、绿泥石、黑云母等，含少量磷灰石（表 5-3）。其中磁性脉石矿物黑云母、绿泥石、电气石等约占 36%，非磁性脉石矿物石英、长石等约占60%。石英与白云母矿物含量（质量分数）很高，分别约占样品的 56% 和 21%。

表 5-3 样品矿物组成及质量分数

矿物	质量分数/%	矿物	质量分数/%	矿物	质量分数/%
白钨矿	0.045	白云母	21.123	白云石	0.124
黑钨矿	0.014	黑云母	4.309	菱锰矿	0.005
褐铁矿	0.289	金云母	0.008	椆石	0.001
含钨褐铁矿	0.017	钙铁辉石	0.002	硬锰矿	0.011
黄铁矿	1.122	透闪石	0.002	钛铁矿	0.014
磁黄铁矿	0.010	绿帘石	0.016	金红石	0.290
黄铜矿	0.013	电气石	6.804	锆石	0.017
辉铜矿	0.002	锰铝榴石	0.008	磷灰石	0.138

矿　物	质量分数/%	矿　物	质量分数/%	矿　物	质量分数/%
闪锌矿	0.007	霞石	0.020	独居石	0.014
方铅矿	0.001	绿泥石	3.855	臭葱石	0.014
硫铋铅银矿	0.001	高岭石	0.282	纤磷钙铝石	0.007
毒砂	0.072	菱铁矿	0.664	重晶石	0.007
石英	56.284	萤石	0.148	其他	0.394
长石	3.840	方解石	0.006	合计	100.000

5.1.4　白钨矿和黑钨矿嵌布粒度分布

将矿石块矿磨制成矿石光片，在显微镜下测定给矿中白钨矿和黑钨矿的嵌布粒度，测定结果见表 5-4。从测定结果来看，给矿中白钨矿嵌布粒度较粗，主要分布于 0.16~1.28 mm 的粒级范围。黑钨矿嵌布粒度较细，主要嵌布粒度范围为 0.02~0.16 mm。

表 5-4　主要矿物的嵌布粒度分布

粒级/mm	粒度分布/%	
	白钨矿	黑钨矿
-1.28+0.64	18.28	—
-0.64+0.32	50.26	—
-0.32+0.16	19.42	—
-0.16+0.08	6.00	42.45
-0.08+0.04	3.86	26.53
-0.04+0.02	1.27	19.90
-0.02+0.01	0.47	5.31
-0.01	0.45	5.80
给矿	100.00	100.00

5.1.5 主要矿物的嵌布特征

5.1.5.1 白钨矿

白钨矿是矿石的主要有用矿物之一。白钨矿常呈四方双锥状或等轴粒状,晶体无色透明,少数白钨矿因铁染而呈透明的淡黄色。具有油脂光泽,中等硬度,密度为 $5.8\sim6.2$ g/cm^3,性脆,具有清楚的解理。

原矿中白钨矿的化学成分能谱分析结果见表 5-5。由分析结果可知,该白钨矿平均化学组成为:含 WO$_3$ 80.26%,含 CaO 19.65%。

表 5-5 白钨矿化学成分分析结果

测点	化学组成及质量分数/%		
	WO$_3$	CaO	FeO
1	80.44	19.52	0.03
2	80.40	19.60	0.00
3	80.33	19.65	0.02
4	79.64	20.36	0.00
5	80.28	19.72	0.00
6	80.12	19.86	0.02
7	80.09	19.72	0.19
8	80.56	19.44	0.00
9	80.30	19.41	0.29
10	80.54	19.42	0.05
11	80.02	19.79	0.19
12	80.32	19.55	0.13
13	80.40	19.41	0.19
平均	80.26	19.65	0.09

原矿中白钨矿较少，从显微镜与扫描电镜结果可见，白钨矿主要呈较粗大的自形-半自形晶嵌布于石英等脉石矿物中（见图5-1~图5-3），另有少部分白钨矿呈细小不规则状嵌布于云母、石英、电气石等脉石矿物中（见图5-4~图5-6）。

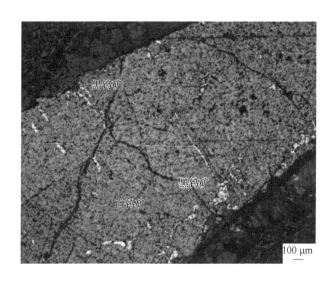

图 5-1 显微镜反射光

（白钨矿呈粗大自形板状嵌布于脉石矿物中，其中包含呈他形不规则粒状黑钨矿）

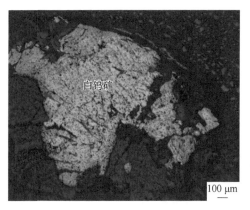 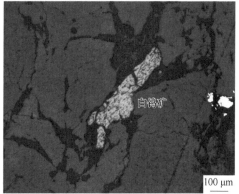

图 5-2 显微镜反射光

（白钨矿呈半自形板柱状嵌布于脉石矿物中）

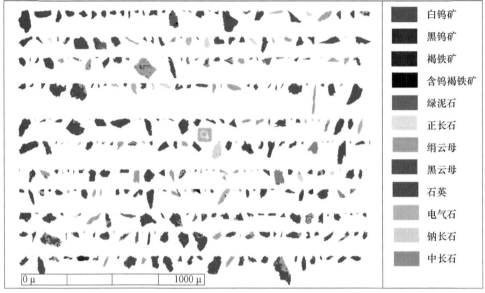

	白钨矿
	黑钨矿
	褐铁矿
	含钨褐铁矿
	绿泥石
	正长石
	绢云母
	黑云母
	石英
	电气石
	钠长石
	中长石

图 5-3　样品中白钨矿

查看彩图

图 5-4　扫描电镜 BSE 图像

(白钨矿单体颗粒)

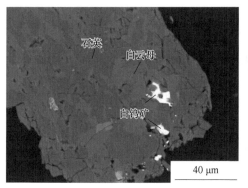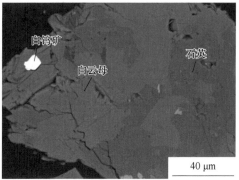

图 5-5 扫描电镜 BSE 图像

（白钨矿与白云母、石英连生）

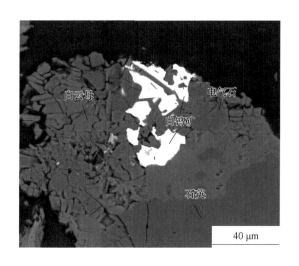

图 5-6 扫描电镜 BSE 图像

（白钨矿与白云母、电气石、石英连生）

5.1.5.2 黑钨矿

黑钨矿是样品的次要钨矿物。在黑钨矿的化学组成中，锰-铁间呈完全类质同象，根据成分式中锰和铁原子数的不同分为 3 个亚种：钨锰矿、钨锰铁矿和钨铁矿。晶体一般呈厚板状或短柱状，颜色随铁、锰含量而变化。硬度为 $4 \sim 5.5$，密度为 $7.18 \sim 7.51$ g/cm^3，具有弱磁性。样品中黑钨矿的化学成分能谱分析结果见表5-6。由表5-6中结果可知，该黑钨矿平均化学组成（质量分数）为：WO_3 75.97%，FeO 12.86%，MnO 11.02%，Nb_2O_5 0.15%。

表 5-6　黑钨矿化学成分分析结果

测点	化学组成及质量分数/%			
	WO_3	MnO	FeO	Nb_2O_5
1	74.79	9.42	14.16	1.63
2	75.65	12.95	11.40	0.00
3	75.54	9.09	15.37	0.00
4	76.30	11.13	12.57	0.00
5	76.36	12.60	11.05	0.00
6	76.46	7.85	15.69	0.00
7	76.19	11.15	12.66	0.00
8	76.18	16.26	7.56	0.00
9	76.07	14.00	9.94	0.00
10	75.70	8.49	15.81	0.00
11	76.42	8.30	15.27	0.00
平均	75.97	11.02	12.86	0.15

根据显微镜观察结果，矿样中黑钨矿含量较少，仅在少数矿块中可见到。黑钨矿粒度较细，主要呈他形不规则粒状嵌布于白钨矿、褐铁矿、石英等矿物中，如图5-7~图5-12所示。

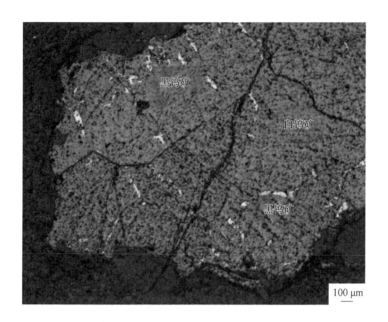

图 5-7 显微镜反射光

（黑钨矿呈他形不规则粒状包含于白钨矿中）

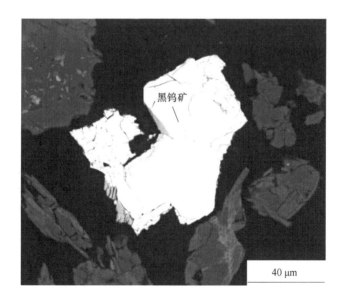

图 5-8 扫描电镜 BSE 图像

（板状黑钨矿单体颗粒）

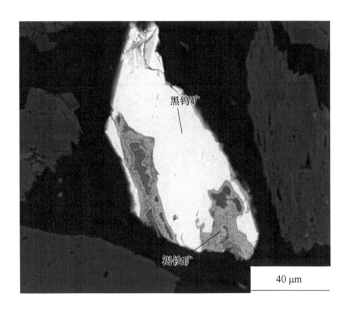

图 5-9 扫描电镜 BSE 图像

（板状黑钨矿边缘与褐铁矿连生）

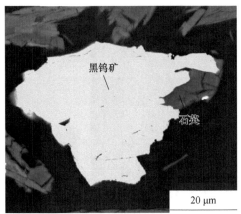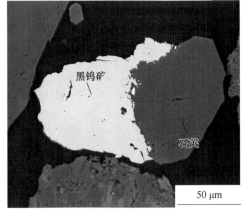

图 5-10 扫描电镜 BSE 图像

（黑钨矿与石英连生）

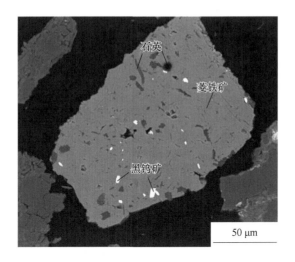

图 5-11　扫描电镜 BSE 图像

（黑钨矿嵌布于菱铁矿中）

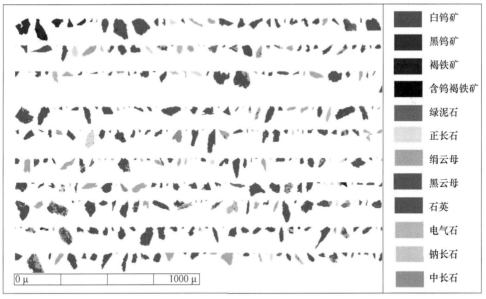

	白钨矿
	黑钨矿
	褐铁矿
	含钨褐铁矿
	绿泥石
	正长石
	绢云母
	黑云母
	石英
	电气石
	钠长石
	中长石

图 5-12　样品中黑钨矿

查看彩图

综上所述，样品中 WO_3 品位为 0.068%。钨矿物以白钨矿为主，少量黑钨矿；硫化物含量较少；氧化物主要为褐铁矿，部分褐铁矿含钨；脉石矿物主要有石英、白云母、电气石、绿泥石等，含有少量磷灰石。石英与白云母矿物含量很高，分别约占样品的 56% 和 21%。

样品中钨主要赋存在白钨矿中，白钨矿整体粒度较粗，主要分布于 0.16~1.28 mm 的粒级范围，呈较粗大的自形-半自形晶嵌布于石英等脉石矿物中，另有少部分白钨矿呈细小不规则状嵌布于白云母、石英、电气石等脉石矿物中。并且白钨矿比较脆，在磨矿过程中比较容易与其他矿物解离，选择合适的磨矿细度可以取得较满意的解离度。样品中含有少量黑钨矿，整体嵌布粒度较细，主要嵌布粒度范围为 0.02~0.16 mm，呈他形不规则粒状嵌布于白钨矿、褐铁矿、石英等矿物中，粗粒单体部分及与白钨矿连生的部分在选矿过程中会进入钨矿精矿中，与脉石连生的细粒黑钨矿会损失到尾矿中。此外，矿石中含有较多的白云母、绿泥石等层片状脉石矿物，在白钨矿浮选中，容易进入钨精矿中，需采取措施减弱这些脉石矿物对白钨矿浮选回收的影响。本节只对粗选段进行试验，以最大限度地淘汰脉石矿物为目的，提高粗选富集比。

5.2   磨矿细度对矿浆流变性及浮选的影响

矿石粒度对矿物的矿浆流变性和浮选效果有显著影响。为了探究磨矿时间和粒度之间的关系，首先对实际矿石进行了磨矿试验，磨矿浓度为 50%，磨矿时间分别为 4.5 min、6.5 min、8.5 min、10 min 和 14.5 min。每次试验用 200 g 样品。

根据图 5-13 可以看到，随着磨矿时间的增加，−74 μm 粒级的产率逐渐增加。当磨矿时间达到 14.5 min 时，−74 μm 粒级占总产率的 96.67%。

浮选试验流程和药剂制度如图 5-14 所示。pH 值调整剂碳酸钠用量为 6000 g/t，分散剂硅酸钠用量为 4000 g/t，捕收剂油酸钠用量为 300 g/t，矿浆浓度为 28.57%。

由图 5-15 可以看出，在浮选药剂制度不变的条件下，−74 μm 粒级的含量（质量分数）从 65.27% 增加到 84.57% 时，钨粗精矿品位从 1.59% 升高至 1.84%，回收率从 53.06% 升高到 68.14%。当磨矿细度为 84.57%（−74 μm 粒级）时，可以得到较高的品位和回收，但是随着磨矿细度的进一步增大，矿浆

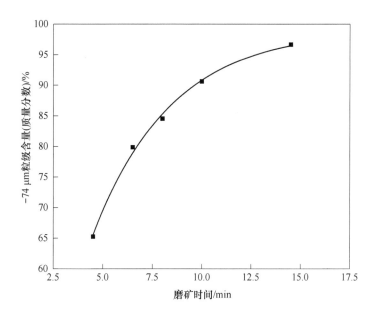

图 5-13 磨矿细度试验图

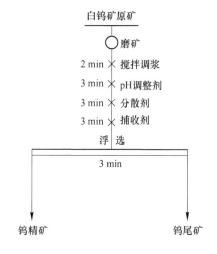

图 5-14 浮选试验流程和药剂制度

中细粒级矿物增多,导致部分矿泥夹杂在泡沫中上浮,从而使钨回收率和品位逐渐降低。此外,随着磨矿细度的增加,钨单体解离度增大,从而出现过磨的现象[106]。为了尽可能减少磨矿能耗,同时实现最佳钨回收效果,需要将磨矿细度控制在85%左右,即磨矿时间确定为8.5 min。

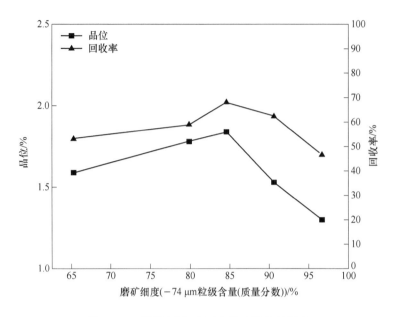

图 5-15 不同磨矿细度对白钨矿浮选的影响

为了研究矿浆流变性与粒度之间的关系，对上述的 5 种矿浆进行了流变学测量，测量结果如图 5-16 和图 5-17 所示。

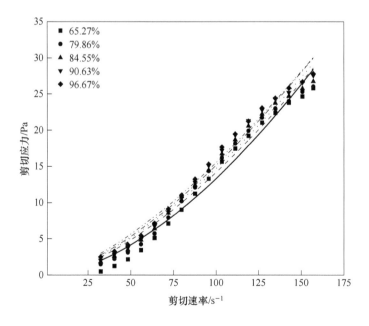

图 5-16 不同磨矿细度下剪切速率与剪切应力的关系

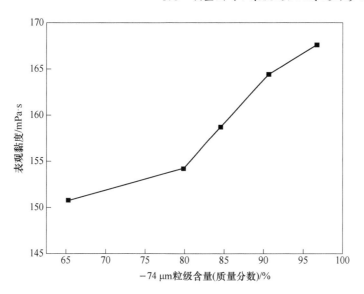

图 5-17 不同磨矿细度与表观黏度关系

(剪切速率为 100 s⁻¹时)

从图 5-16 中可以看出，随着−74 μm 粒级的含量（质量分数）从 65.27% 增加到 84.57%时，5 种矿浆均表现为不存在屈服应力的非牛顿流体。图 5-17 显示了剪切速率为 100 s⁻¹时磨矿细度对表观黏度的影响。随着磨矿细度的增加，矿浆中微细颗粒逐渐变多，使得矿物颗粒间的碰撞概率及矿浆体系的内摩擦增大，表现为黏度增大，当磨矿时间从 4.5 min 增长到 14.5 min 时，矿浆黏度由 150.8 mPa·s 增加到 167.6 mPa·s，黏度变化较为明显。

结合磨矿细度对浮选的影响，随着磨矿细度的增加，矿浆的表观黏度逐渐增大，钨精矿的回收率呈现上升趋势。当−74 μm 粒级含量（质量分数）为 84.55%时，钨精矿回收率可达 68.14%。然而，当磨矿细度为−74 μm 粒级含量（质量分数）为 96.67%时，虽然矿浆黏度继续增加，但钨粗精矿的回收率却开始下降。这表明矿浆黏度并非完全决定回收率的因素，可能与磨矿细度对矿物解离的影响有关。此外，当磨矿细度过细时，会导致矿泥罩盖，进而影响浮选回收率。

5.3 调整剂对矿浆流变性及浮选的影响

使用调整剂可降低矿浆黏度改善浮选效果，但不同的调整剂作用效果不同，本节通过研究不同调整剂对浮选指标与矿浆流变性的影响，探索浮选指标与矿浆流变特性之间的关系。

5.3.1 碳酸钠用量对矿浆流变性及浮选的影响

碳酸钠作为白钨矿浮选过程中常用的 pH 值调整剂之一，不仅可以改善钨的表面活性，还能消除矿浆中难免离子（Ca^{2+}、Mg^{2+}等）给浮选带来的不利影响[107]。因此可通过改变碳酸钠的用量，研究矿浆 pH 值对矿浆流变特性和浮选的影响。在磨矿细度为 84.55%（-74 μm 粒级）的条件下，碳酸钠用量分别为 2000 g/t、4000 g/t、6000 g/t、8000 g/t、10000 g/t，捕收剂油酸钠为用量 300 g/t，分散剂硅酸钠用量为 4000 g/t，浮选结果如图 5-18 所示。

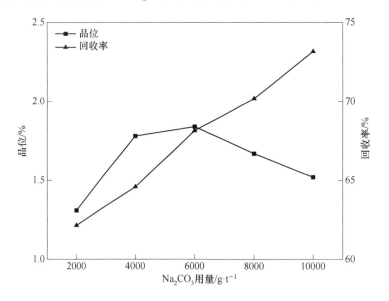

图 5-18 Na_2CO_3用量对白钨矿浮选的影响

由图 5-18 可知，随着碳酸钠用量从 2000 g/t 增加到 10000 g/t，钨粗精矿品位由 1.31% 先增加到 1.84%，而后降低至 1.52%，回收率则随着碳酸钠用量的增加逐渐升高，由 62.15% 增加到 72.15%。当碳酸钠用量为 6000 g/t 时，WO_3品位最高，回收率也相对较好，因此确定碳酸钠用量 6000 g/t 为宜，此时钨品位为 1.84%，回收率为 68.14%。

在浮选条件一致的基础上，测定了上述矿浆的流变学性质，结果如图 5-19 和图 5-20 所示。

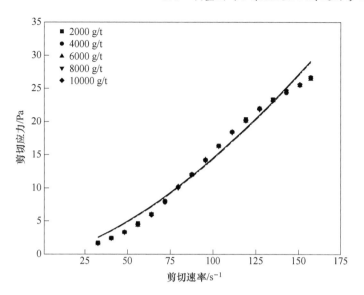

图 5-19 不同 Na_2CO_3 用量下剪切速率与剪切应力的关系

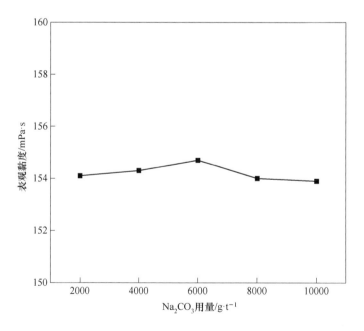

图 5-20 不同 Na_2CO_3 用量与表观黏度的关系

（剪切速率为 $100\ s^{-1}$ 时）

由图 5-19 可知，随着碳酸钠用量的不断增加，矿浆流变性变化较小，流变曲线基本重合，说明 pH 值的改变不会对矿浆流变性产生显著影响。图 5-20 为剪切速率在 100 s^{-1} 时碳酸钠用量对矿浆表观黏度的影响，在碳酸钠用量为 2000 ~ 10000 g/t 范围内，矿浆黏度为 154 mPa·s 左右，与不加药剂之前的矿浆黏度基本相同，没有发生明显变化，这可能是因为碳酸钠同时具有分散的作用，使得矿浆黏度降低。

结合碳酸钠对浮选的影响，发现碳酸钠用量的增加会影响浮选指标，但是不会明显改变矿浆流变特性。这表明矿浆的 pH 值在一定的范围内会影响浮选效果，虽然添加碳酸钠时矿浆黏度比不添加之前要低，但浮选指标的变化并不是矿浆流变性的改变引起的，而是因为碳酸钠易于维持矿浆 pH 值的稳定，不但可以改善钨矿的表面活性，还能消除水中 Ca^{2+}、Mg^{2+} 等难免离子给浮选带来的负面影响。

5.3.2 硅酸钠用量对矿浆流变性及浮选的影响

第 4.1 节研究证明了硅酸钠和六偏磷酸钠两种分散剂均能调节矿浆流变性，但是在实际选矿过程中，磷酸盐类药剂对矿浆 pH 值敏感，要求精确控制，限制了其在浮选中的应用。因此本节采用硅酸钠作为分散剂，进行了钨粗选硅酸钠用量试验。硅酸钠用量分别为 2000 g/t、3000 g/t、4000 g/t、5000 g/t、6000 g/t，碳酸钠用量为 6000 g/t，捕收剂油酸钠用量为 300 g/t，浮选结果如图 5-21 所示。

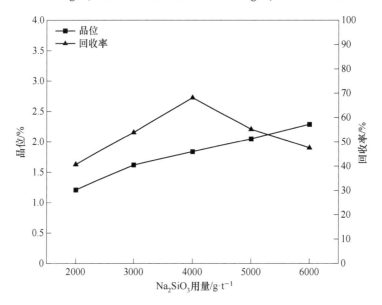

图 5-21   Na$_2$SiO$_3$ 用量对白钨矿浮选的影响

由图 5-21 可知，随着硅酸钠用量从 2000 g/t 增加到 6000 g/t，钨粗精矿品位逐渐升高，从 1.21% 增加到 2.29%，回收率则先升后降；当硅酸钠用量为 4000 g/t 时达到最大值，继续增大用量，回收率由 68.14% 降低到 47.55%。当硅酸钠用量为 4000 g/t 时，钨粗精矿回收率最高，品位也较好，因此综合考虑浮选效果，确定硅酸钠用量 4000 g/t 为宜。

在浮选条件一致的基础上，测定了上述 5 种矿浆的流变学性质，结果如图 5-22 和图 5-23 所示。

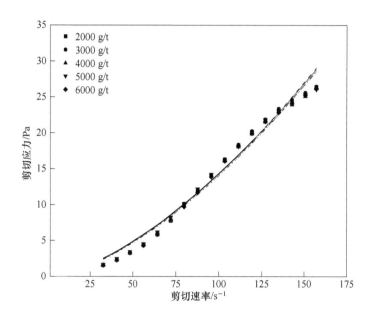

图 5-22　不同 Na_2SiO_3 用量下剪切速率与剪切应力的关系

由图 5-22 可知，随着硅酸钠用量的增加，矿浆流变性变化较小，5 种流变曲线基本重合。图 5-23 为剪切速率在 100 s^{-1} 时硅酸钠用量对表观黏度的影响，当碳酸钠用量由 2000 g/t 增加到 4000 g/t 时，矿浆黏度由 155.6 mPa·s 下降到 152 mPa·s，继续增加硅酸钠用量，矿浆黏度没有明显变化。

结合硅酸钠对浮选及矿浆流变性的影响规律，硅酸钠用量的增加会对浮选指标产生影响，同时也会降低矿浆黏度，在一定程度上改善浮选效果。

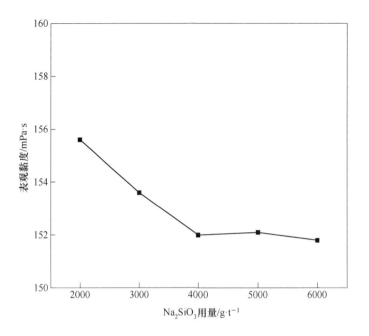

图 5-23 不同 Na_2SiO_3 用量与表观黏度的关系

（剪切速率为 $100\ s^{-1}$ 时）

5.4 矿浆浓度对矿浆流变性及浮选的影响

在浮选过程中，矿浆浓度对矿浆的流变性能有很大的影响，这种影响一般来自矿粒之间摩擦造成的体系能量消耗。因此，在其他条件不变的情况下，分别选取浓度为 25%、28.57%、35%、40% 的矿浆进行浮选试验，结果如图 5-24 所示。

由图 5-24 可知，随着浮选矿浆浓度从 25% 提高到 40%，钨粗精矿品位有小幅度下降，从 1.93% 下降到 1.70%，而回收率则先升高后降低；矿浆浓度为 28.57% 时，回收率提升到 68.14%；当矿浆浓度增加到 40% 时，回收率下降到 60.27%。综合考虑精矿指标及成本，确定钨粗选浮选矿浆浓度为 28.57%。

在浮选条件一致的基础上，测定了上述 4 种矿浆的流变学性质，结果如图 5-25 和图 5-26 所示。

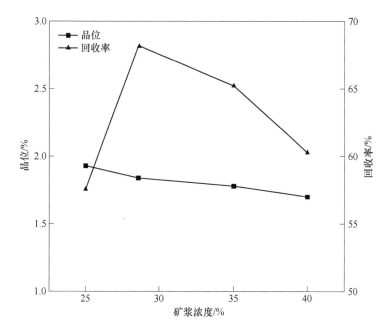

图 5-24 矿浆浓度对白钨矿浮选的影响

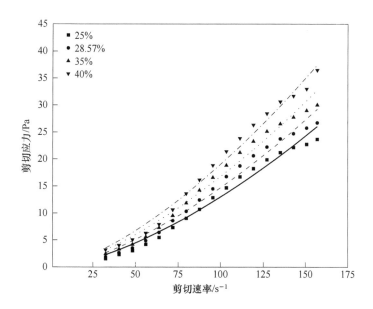

图 5-25 不同矿浆浓度下剪切速率与剪切应力的关系

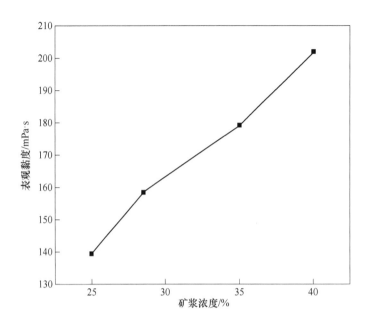

图 5-26 不同矿浆浓度与表观黏度的关系

(剪切速率为 100 s^{-1} 时)

由图 5-25 可知，随着矿浆浓度的增大，矿浆的流体性质也随之改变，当浓度大于 35% 后，矿浆表现为带有屈服应力的非牛顿流体。图 5-26 为剪切速率在 100 s^{-1} 时矿浆浓度对表观黏度的影响，在矿浆浓度为 25% 时，矿浆的表观黏度为 139.5 mPa·s；当矿浆浓度增大至 40% 时，矿浆黏度达到 201.6 mPa·s，比浓度为 25% 时增加了 62.1 mPa·s，说明矿浆浓度增大会对矿浆流变性产生显著影响。

结合矿浆浓度对浮选的影响规律，矿浆的表观黏度会随着浓度的增加而增加，且浮选回收率在一定浓度范围内增加，但当矿浆浓度较大时，较高的黏度会使矿浆中矿物颗粒间的碰撞及矿浆的流动性变差，从而导致浮选效果变差。因此，适当的调节矿浆浓度可以有效改善浮选效果。

5.5 搅拌速率对矿浆流变性及浮选的影响

在第 5.2~5.4 节中确定了合适的磨矿细度、药剂制度及矿浆浓度，即磨矿细度为 -74 μm 占 84.55%，碳酸钠用量为 6000 g/t，硅酸钠用量为 4000 g/t，油酸钠用量为 300 g/t，浮选矿浆浓度为 28.57%。选取不同的搅拌速率进行浮选，搅拌速率分别为 1600 r/min、1800 r/min、2000 r/min、2200 r/min、2400 r/min，浮选试验结果如图 5-27 所示。

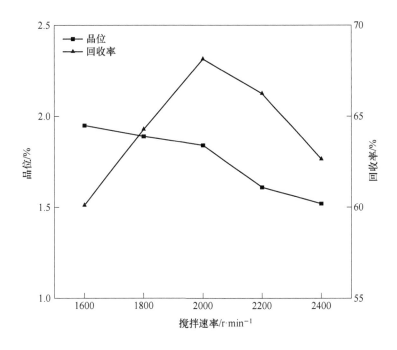

图 5-27 搅拌速率对白钨矿浮选的影响

由图 5-27 可知，随着浮选搅拌速率从 1600 r/min 增加到 2400 r/min，钨粗精矿品位一直下降，由 1.95% 下降到 1.52%，而回收率则先升高后降低；搅拌速率为 2000 r/min 时，回收率为 68.14%，继续增大搅拌速率，回收率降低到62.64%。综合考虑精矿指标及成本，确定钨粗选浮选搅拌速率 2000 r/min为宜。

在浮选条件一致的基础上，测定了上述矿浆的流变学性质，结果如图 5-28所示。

由图 5-28 可知，随着搅拌速率的增大，矿浆的表观黏度也不断增加，在搅拌速率为 1600 r/min 时，矿浆的表观黏度为 52.47 mPa·s，当搅拌速率增大至2400 r/min 时，矿浆黏度增加了 13.27 mPa·s，增加了 25 个百分点，说明搅拌速率会影响矿浆黏度。

结合搅拌速率对浮选的影响，搅拌速率的增加在一定范围内可以优化浮选指标。

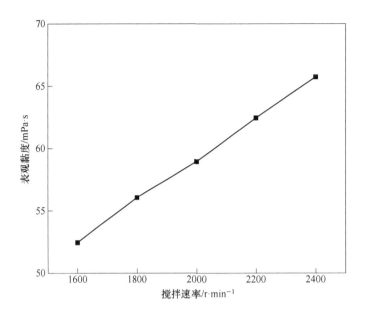

图 5-28　不同搅拌速率与表观黏度的关系

（剪切速率为 100 s⁻¹时）

5.6　超声预处理对矿浆流变性及浮选的影响

在第 5.2~5.5 节的研究中确定磨矿细度为-74 μm 占 84.55%，碳酸钠用量为 6000 g/t，硅酸钠用量为 4000 g/t，油酸钠用量为 300 g/t，浮选矿浆浓度为 28.57%，搅拌速率为 2000 r/min。此外，在第 4.3 节中看到相对于超声功率，超声时间对矿浆流变性及浮选的影响更大，因此选取不同超声时间来调节矿浆的流变性，结果如图 5-29 所示。

由图 5-29 可知，随着超声预处理时间从 0 min 增加到 20 min，钨粗精矿的品位和回收率呈先升高后降低的趋势，钨品位在 2 min 时达到最大，为 1.91%，然后随着超声预处理时间的增加而降低，在 20 min 时为 1.14%。钨回收率在 5 min 时达到最大，为 74.25%，然后在 20 min 时降低到 60.52%。

在浮选条件一致的基础上，测定了上述矿浆的流变学性质，结果如图 5-30 和图 5-31 所示。

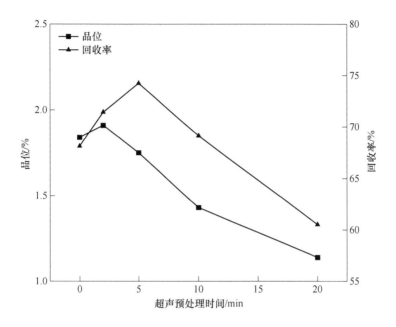

图 5-29 超声预处理时间对白钨矿浮选的影响

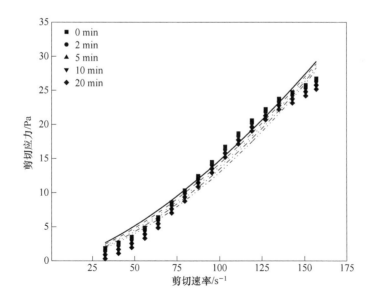

图 5-30 不同超声时间下剪切速率与剪切应力的关系

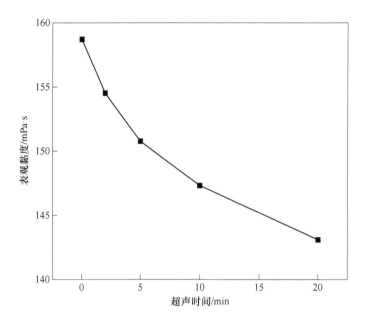

图 5-31 不同超声时间与表观黏度的关系

（剪切速率为 100 s^{-1}时）

由图 5-30 可知，随着超声时间的增大，矿浆流变性显著变化，但流体类型并未改变。图 5-31 为剪切速率在 100 s^{-1}时超声时间对表观黏度的影响，当超声时间由 0 min 增加到 10 min 时，矿浆黏度先快速下降，由 158.72 mPa·s 下降到 147.33 mPa·s；在 10 min 以后，矿浆黏度缓慢下降，由 147.33 mPa·s 下降到 143.09 mPa·s；当超声时间继续增加时，由于矿浆中细颗粒变多，达到一定程度时，黏度可能会增加。

结合超声预处理对浮选的影响规律，超声时间的增加会对浮选指标产生影响，同时也会降低矿浆黏度，在一定程度上改善浮选效果。

参 考 文 献

[1] 李淑菲, 李强. 白钨矿浮选研究现状 [J]. 矿产综合利用, 2019 (3): 17-21.

[2] 邱廷省, 陈向, 温德新, 等. 某难选白钨矿浮选工艺及流程试验研究 [J]. 有色金属科学与工程, 2013, 4 (5): 48-53.

[3] 徐晓萍, 梁冬云, 喻连香. 江西某大型白钨矿钨的选矿试验研究 [J]. 中国钨业, 2007, 22 (2): 23-26.

[4] 过建光, 吕清纯, 李晓东, 等. 柿竹园钨加温浮选工艺改造实践 [J]. 有色金属 (选矿部分), 2002, 54 (6): 13-15.

[5] 胡红喜. 白钨矿与萤石、方解石及石英的浮选分离 [D]. 长沙: 中南大学, 2011.

[6] 陈金明. 云南某白钨矿731常温浮选工艺试验 [J]. 中国钨业, 2013, 28 (2): 31-34.

[7] 高湛伟, 郑灿辉, 张子瑞, 等. 白钨矿常温浮选试验研究 [J]. 中国钨业, 2010, 25 (6): 18-20.

[8] 赵可可, 戴惠新, 龚志辉, 等. 白钨矿浮选行为研究进展 [J]. 有色金属 (选矿部分), 2022 (6): 155-164.

[9] 白丁. MES在白钨矿浮选中的应用及其作用机理研究 [D]. 长沙: 中南大学, 2014.

[10] ZHOU W G, CHEN H, OU L M, et al. Aggregation of ultra-fine scheelite particles induced by hydrodynamic cavitation [J]. International Journal of Mineral Processing, 2016, 157: 236-240.

[11] CHEN W, CHEN F F, BU X Z, et al. A significant improvement of fine scheelite flotation through rheological control of flotation pulp by using garnet-ScienceDirect [J]. Minerals Engineering, 2019, 138 (C): 257-266.

[12] WARREN L J. Shear-flocculation of ultrafine scheelite in sodium oleate solutions [J]. Journal of Colloid and Interface Science, 1975, 50 (2): 307-318.

[13] 肖骏, 陈代雄. 聚苯乙烯载体浮选微细粒白钨矿研究 [J]. 中国钨业, 2015, 30 (6): 14-20.

[14] 王纪镇, 印万忠, 孙忠梅. 碳酸钠对白钨矿自载体浮选的影响及机理 [J]. 工程科学学报, 2019, 41 (2): 174-180.

[15] 李文恒. 白钨矿浮选药剂研究进展 [J]. 世界有色金属, 2019 (14): 245-247.

[16] 李小康, 张英, 管侦皓, 等. 白钨矿浮选药剂研究进展 [J]. 矿产保护与利用, 2022, 42 (2): 14-24.

[17] 李天光, 邱显扬, 周晓彤. 白钨矿浮选药剂研究现状 [J]. 材料研究与应用, 2018, 12 (1): 8-12.

[18] 王其宏, 章晓林, 李康康, 等. 白钨矿浮选药剂的研究进展 [J]. 中国钨业, 2015, 30 (6): 21-27.

［19］ WANG J J, GAO Z Y, GAO Y S, et al. Flotation separation of scheelite from calcite using mixed cationic/anionic collectors ［J］. Minerals Engineering, 2016, 98: 261-263.

［20］ HU Y H, XU Z H. Interactions of amphoteric amino phosphoric acids with calcium-containing minerals and selective flotation ［J］. International Journal of Mineral Processing, 2003, 72 (1/2/3/4): 87-94.

［21］ SCHUBERT H, BALDAUF H, KRAMER W, et al. Further development of fluorite flotation from ores containing higher calcite contents with oleoylsarcosine as collector ［J］. International Journal of Mineral Processing, 1990, 30 (3/4): 185-193.

［22］ LI H, LIU M X, LIU Q. The effect of non-polar oil on fine hematite flocculation and flotation using sodium oleate or hydroxamic acids as a collector ［J］. Minerals Engineering, 2018, 119: 105-115.

［23］ 孙伟, 胡岳华, 覃文庆, 等. 钨矿浮选药剂研究进展 ［J］. 矿产保护与利用, 2000 (3): 42-46.

［24］ 朱一民. 浮选白钨的几个问题 ［J］. 有色矿山, 1999 (2): 31-34.

［25］ FENG B, GUO W, XU H G, et al. The combined effect of lead ion and sodium silicate in the flotation separation of scheelite from calcite ［J］. Separation Science and Technology, 2017, 52 (3): 567-573.

［26］ FENG B, LUO X P, WANG J Q, et al. The flotation separation of scheelite from calcite using acidified sodium silicate as depressant ［J］. Minerals Engineering, 2015, 80: 45-49.

［27］ 吴燕玲. 白钨矿与方解石、萤石的浮选分离及机理研究 ［D］. 赣州: 江西理工大学, 2013.

［28］ 陈文胜. 硫化钠在黑白钨加温精选中的应用研究 ［J］. 中国钨业, 2002 (3): 26-28, 32.

［29］ 方浩, 艾光华, 刘艳飞. 白钨矿选矿工艺研究现状及发展趋势 ［J］. 中国钨业, 2016, 31 (3): 27-31.

［30］ 刘红尾, 许增光. 石灰法常温浮选低品位白钨矿的工艺研究 ［J］. 矿产综合利用, 2013 (2): 33-35, 39.

［31］ 王秋林, 周菁, 刘忠荣, 等. 高效组合抑制剂 Y88 白钨常温精选工艺研究 ［J］. 湖南有色金属, 2003 (5): 11-12, 30.

［32］ 叶雪均. 白钨常温浮选工艺研究 ［J］. 中国钨业, 1999, 14 (5/6): 113-117.

［33］ 邱丽娜, 戴惠新. 白钨矿浮选工艺及药剂现状 ［J］. 云南冶金, 2008 (5): 12-14, 28.

［34］ COUSSOT P. Yield stress fluid flows: A review of experimental data ［J］. Journal of Non-Newtonian Fluid Mechanics, 2014, 211: 31-49.

［35］ BOGER D V. Rheology and the resource industries ［J］. Chemical Engineering Science, 2009, 64 (22): 4525-4536.

［36］ BURDUKOVA E, BECKER M, NDLOVU B, et al. Relationship between slurry rheology and its mineralogical content ［C］. XXIV International Mineral Processing Congress, 2008: 2169-2178.

［37］ FARROKHPAY S. The importance of rheology in mineral flotation: A review ［J］. Minerals Engineering, 2012, 36-38: 272-278.

［38］ MOS E S, SALEH A, TAHA T A, et al. Effect of chemical additives on flow characteristics of coal slurries ［J］. Physicochemical Problems of Mineral Processing, 2008, 42: 107-118.

［39］ 杨小生, 吕桂芝, 张麟. 磨矿流变效应研究 ［J］. 中国有色金属学报, 1995 (3): 22-26.

［40］ 卜显忠, 王朝, 郑灿辉. 磨矿过程中蒙脱石的流变效应研究 ［J］. 非金属矿, 2018, 41 (5): 76-78.

［41］ SHABALALA N, HARRIS M, FILHO L, et al. Effect of slurry rheology on gas dispersion in a pilot-scale mechanical flotation cell ［J］. Minerals Engineering, 2011, 24 (13): 1448-1453.

［42］ CHEN B H, LEE S J, LEE D J, et al. Rheological behavior of wastewater sludge following cationic polyelectrolyte flocculation ［J］. Drying Technology, 2006, 24 (10): 1289-1295.

［43］ GENOVESE D B. Shear rheology of hard-sphere, dispersed, and aggregated suspensions, and filler-matrix composites ［J］. Advances in Colloid and Interface Science, 2012, 171-172: 1-16.

［44］ WILLS B A, NAPIER-MUNN T. Wills' Mineral Processing Technology ［M］. Amsterdam: Elsevier, 2006.

［45］ NDLOVU B, FORBES E, FARROKHPAY S, et al. A preliminary rheological classification of phyllosilicate group minerals ［J］. Minerals Engineering, 2014, 55: 190-200.

［46］ FORBES E, DAVEY K J, SMITH L. Decoupling rehology and slime coatings effect on the natural flotability of chalcopyrite in a clay-rich flotation pulp ［J］. Minerals Engineering, 2014, 56: 136-144.

［47］ LEONG Y, BOGER D V. Surface chemistry effects on concentrated suspension rheology ［J］. Journal of Colloid and Interface Science, 1990, 136 (1): 249-258.

［48］ BURDUKOVA E, BECKER M, BRADSHAW D J. Presence of negative charge on the basal planes of New York talc ［J］. Journal of Colloid and Interface Science, 2007, 315 (1): 337-342.

［49］ KILLICKAPLAN I, LASKOWSKI J S, NDLOVU B. Rheology of aqueous suspensions of needle-like mineral particles ［C］//Rheology in Mineral Processing: Metallurgical Society of the Canadian Institute of Mining, Metallurgy and Petroleum, 2010: 193-203.

［50］ YAN L, ENGLERT A H, MASLIYAN J H, et al. Determination of anisotropic surface characteristics of different phyllosilicates by direct force measurements ［J］. Langmuir: The ACS Journal of Surfaces and Colloids, 2011, 27 (21): 12996-13007.

［51］ NDLOVU B, BECKER M, FORBES E, et al. The influence of phyllosilicate mineralogy on the rheology of mineral slurries [J]. Minerals Engineering, 2011, 24 (12): 1314-1322.

[52] LI C, DONG L S, WANG L G. Improvement of flotation recovery using oscillatory air supply [J]. Minerals Engineering, 2018, 131: 321-324.

[53] MUELLER S, LLEWELLIN E W, MADER H M. The rheology of suspensions of solid particles [J]. Proceedings of the Royal Society. Mathematical, physical and engineering sciences, 2010, 466 (2116): 1201-1228.

[54] CRUZ N, PENG Y J. Rheology measurements for flotation slurries with high clay contents-A critical review [J]. Minerals Engineering, 2016, 98: 137-150.

[55] JELDRES R I, URIBE L, CISTERNAS L A, et al. The effect of clay minerals on the process of flotation of copper ores-A critical review [J]. Applied Clay Science, 2019, 170: 57-69.

[56] CRUZ N, PENG Y J, FARROKHPAY S, et al. Interactions of clay minerals in copper-gold flotation: Part 1-Rheological properties of clay mineral suspensions in the presence of flotation reagents [J]. Minerals Engineering, 2013, 50-51: 30-37.

[57] AKDEMIR Ü, SÖNMEZ I. Investigation of coal and ash recovery and entrainment in flotation [J]. Fuel Processing Technology, 2003, 82 (1): 1-9.

[58] WANG L, PENG Y, RUNGE K, et al. A review of entrainment: Mechanisms, contributing factors and modelling in flotation [J]. Minerals Engineering, 2015, 70: 77-91.

[59] FISHER D T, CLAYTON S A, BOGER D V, et al. The bucket rheometer for shear stress-shear rate measurement of industrial suspensions [J]. Journal of Rheology, 2007, 51 (5): 821-831.

[60] KIM J, LEE H Y, SHIN S. Advances in the measurement of red blood cell deformability: A brief review [J]. Journal of Cellular Biotechnology, 2015, 1 (1): 63-79.

[61] SHI F N, ZHENG X F. The rheology of flotation froths [J]. International Journal of Mineral Processing, 2003, 69 (1/2/3/4): 115-128.

[62] TADROS T F. Rheology of Dispersions: Principles and Applications [M]. Hoboken: Wiley-VCH Verlag GmbH & Co. KGaA, 2010.

[63] 邹玉超, 王磊, 李国胜. 矿物浮选矿浆相流变学研究进展 [J]. 金属矿山, 2021 (8): 102-108.

[64] CRUZ N, PENG Y J, WIGHTMAN E. The interaction of pH modifiers with kaolinite in copper-gold flotation [J]. Minerals Engineering, 2015, 84: 27-33.

[65] MUSTER T H, PRESTIDGE C A. Rheological investigations of sulphide mineral slurries [J]. Minerals Engineering, 1995, 8 (12): 1541-1555.

[66] KLEIN B, HALLBOM D J. Modifying the rheology of nickel laterite suspensions [J]. Minerals Engineering, 2002, 15 (10): 745-749.

[67] ZHOU Z, SCALES P J, BOGER D V. Chemical and physical control of the rheology of

concentrated metal oxide suspensions [J]. Chemical Engineering Science, 2001, 56 (9):
2901-2920.

[68] FARROKHPAY S, NDLOVU B, BEADSHAW D. Behaviour of swelling clays versus non-swelling clays in flotation [J]. Minerals Engineering, 2016, 59-66.

[69] BOYLU F, DINCER H, ATESOK G. Effect of coal particle size distribution, volume fraction and rank on the rheology of coal-water slurries [J]. Fuel Processing Technology, 2004, 85 (4):
241-250.

[70] CRUZ N, PENG Y J, WIGHTMAN E. Interactions of clay minerals in copper-gold flotation:
Part 2-Influence of some calcium bearing gangue minerals on the rheological behaviour [J].
International Journal of Mineral Processing, 2015, 141: 51-60.

[71] CRUZ N, PENG Y J, WIGHTMAN E. The interaction of clay minerals with gypsum and its effects on copper-gold flotation [J]. Minerals Engineering, 2015, 77: 121-130.

[72] ZHANG M, PENG Y J. Effect of clay minerals on pulp rheology and the flotation of copper and gold minerals [J]. Minerals Engineering, 2015, 70: 8-13.

[73] 龙涛, 陈伟. 调浆过程能量输入对微细粒白钨浮选矿浆流变特性的影响研究 [J]. 矿冶工程, 2019, 39 (5): 49-52, 55.

[74] BASNAYAKA L, SUBASINGHE N, ALBIJANIC B. Influence of clays on the slurry rheology and flotation of a pyritic gold ore [J]. Applied Clay Science, 2017, 136: 230-238.

[75] 王驰. 矿浆流变特性对铝土矿浮选脱硫的影响研究 [D]. 贵州: 贵州大学, 2020.

[76] SCHUBERT H. On the optimization of hydrodynamics in fine particle flotation [J]. Minerals Engineering, 2008, 21 (12/13/14): 930-936.

[77] YU Y X, CHENG G, MA L Q, et al. Effect of agitation on the interaction of coal and kaolinite in flotation [J]. Powder Technology, 2017, 313: 122-128.

[78] CELIK M S, HANCER M, MILLER J D. Flotation chemistry of boron minerals [J]. Journal of Colloid and Interface Science, 2002, 256 (1): 121-131.

[79] 陆成龙. 基于流变学研究 SiO_2 微粉悬浮液结构形成及变化 [D]. 武汉: 武汉科技大学, 2014.

[80] LI G S, DENG L J, CAO Y J, et al. Effect of sodium chloride on fine coal flotation and discussion based on froth stability and particle coagulation [J]. International Journal of Mineral Processing, 2017, 169: 47-52.

[81] LIU D, PENG Y J. Understanding different roles of lignosulfonate in dispersing clay minerals in coal flotation using deionised water and saline water [J]. Fuel, 2015, 142: 235-242.

[82] 薛季玮, 屈垚犇, 张崇辉, 等. 白云母、电气石、磷灰石对白钨矿浮选过程中矿浆流变性的影响 [J]. 矿产保护与利用, 2023, 43 (1): 24-31.

[83] 张福亚, 张跃军. 矿浆浓度对流变性的影响 [J]. 有色金属 (选矿部分), 2017 (Z1): 118-112.

[84] LUCKHAM P F, ROSSI S. The colloidal and rheological properties of bentonite suspensions [J]. Advances in Colloid and Interface Science, 1999, 82 (13): 43-92.

[85] YANG D, XIE L, BOBICKI E, et al. Probing anisotropic surface properties and interaction forces of chrysotile rods by atomic force microscopy and rheology [J]. Langmuir, 2014, 30 (36): 10809-10817.

[86] YAN L, MASLIYAH J H, XU Z. Understanding suspension rheology of anisotropically-charged platy minerals from direct interaction force measurement using AFM [J]. Current Opinion in Colloid & Interface Science, 2013, 18 (2): 149-156.

[87] 许灿辉. 矿物浮选气泡速度和尺寸分布特征提取方法与应用 [D]. 长沙: 中南大学, 2011.

[88] 任飞. 内蒙电气石特性、加工及利用研究 [D]. 沈阳: 东北大学, 2005.

[89] 杨飞, 周晓彤. 难免金属离子对白钨矿浮选的影响 [J]. 材料研究与应用, 2017, 11 (3): 192-196.

[90] 任飞, 韩跃新, 印万忠, 等. 油酸钠浮选电气石的溶液化学分析 [J]. 有色矿冶, 2005 (S1): 158-159.

[91] 许豪杰. 白钨矿和磷灰石的浮选分离及其机理研究 [D]. 沈阳: 东北大学, 2015.

[92] ZHONG C H, WANG H H, FENG B, et al. Flotation separation of scheelite and apatite by polysaccharide depressant xanthan gum [J]. Minerals Engineering, 2021, 170.

[93] 郭贞强, 张芹, 朱应贤, 等. 油酸钠体系下浮选泡沫稳定性研究 [J]. 矿产保护与利用, 2019, 39 (4): 131-134, 139.

[94] 冯其明, 穆枭, 张国范. 浮选生产过程中的泡沫及消泡技术 [J]. 矿产保护与利用, 2005 (4): 31-35.

[95] 付亚峰, 印万忠, 姚金, 等. 绿泥石颗粒效应对泡沫稳定性的影响 [J]. 中南大学学报 (自然科学版), 2018, 49 (8): 1857-1862.

[96] 邬海滨, 李继福, 徐晓衣, 等. "浮—磁—浮" 联合工艺回收某黑钨细泥的试验研究 [J]. 中国钨业, 2017, 32 (1): 41-46.

[97] 陈启元, 王建立, 李旺兴, 等. 分散剂对氧化铝悬浮液分散稳定性的影响 [J]. 中国粉体技术, 2008, 14 (6): 33-37.

[98] 张汉泉, 许鑫, 陈官华, 等. 六偏磷酸钠在磷矿浮选中的应用及作用机理 [J]. 矿产保护与利用, 2020, 40 (6): 58-63.

[99] 王纪镇, 印万忠, 孙忠梅. 方解石和六偏磷酸钠对白钨矿浮选的协同抑制作用及机理 [J]. 中国有色金属学报, 2018, 28 (8): 1645-1652.

[100] 罗仙平，张博远，张燕，等．微细粒锂辉石矿浆流变性特征及对浮选的影响［J］．中国矿业大学学报，2022，51（3）：503-512．

[101] 王学涛，魏德洲，高淑玲，等．搅拌强度对浮选机内液-固两相流场特性影响［J］．东北大学学报（自然科学版），2018，39（9）：1337-1341，1347．

[102] 刘树成．搅拌速度对浮选机分选效果影响的研究［J］．选煤技术，2015（2）：20-23．

[103] 黄哲誉．超声波对捕收剂溶液性质及其与白钨矿、萤石、方解石表面吸附的影响［D］．赣州：江西理工大学，2019．

[104] 余雄．预处理对白钨及含钙脉石矿物浮选行为的影响研究［D］．赣州：江西理工大学，2015．

[105] 王志凯，吕文生，杨鹏，等．超声波对充填料浆流变特性的影响及流变参数预测［J］．中国有色金属学报，2018，28（7）：1442-1452．

[106] 刘红尾．难处理白钨矿常温浮选新工艺研究［D］．长沙：中南大学，2010．

[107] 俞献林，杨长安，张登超．某复杂含泥白钨矿常温浮选试验研究［J］．中国钨业，2022，37（2）：16-22．